海上絲綢之路基本文獻叢書

北户録

中國絲絹西傳史

〔唐〕段公路 撰／姚寶猷 著

文物出版社

圖書在版編目（CIP）數據

北户録 /（唐）段公路撰．中國絲綢西傳史 / 姚寶猷著．-- 北京 : 文物出版社，2022.6
（海上絲綢之路基本文獻叢書）
ISBN 978-7-5010-7514-0

Ⅰ．①北… ②中… Ⅱ．①段… ②姚… Ⅲ．①植物－介紹－中國－古代②動物－介紹－中國－古代③絹絲－對外貿易－貿易史－中國 Ⅳ．① Q948.52 ② Q958.52 ③ F752.9

中國版本圖書館 CIP 數據核字（2022）第 064983 號

海上絲綢之路基本文獻叢書

北户録·中國絲綢西傳史

著　　者：〔唐〕段公路　姚寶猷
策　　划：盛世博閲（北京）文化有限責任公司

封面設計：鞏榮彪
責任編輯：劉永海
責任印製：張道奇

出版發行：文物出版社
社　　址：北京市東城區東直門内北小街 2 號樓
郵　　編：100007
網　　址：http://www.wenwu.com
郵　　箱：web@wenwu.com
經　　銷：新華書店
印　　刷：北京旺都印務有限公司
開　　本：787mm×1092mm　1/16
印　　張：12.375
版　　次：2022 年 6 月第 1 版
印　　次：2022 年 6 月第 1 次印刷
書　　號：ISBN 978-7-5010-7514-0
定　　價：90.00 圓

總緒

海上絲綢之路，一般意義上是指從秦漢至鴉片戰争前中國與世界進行政治、經濟、文化交流的海上通道，主要分爲經由黄海、東海的海路最終抵達日本列島及朝鮮半島的東海航綫和以徐聞、合浦、廣州、泉州爲起點通往東南亞及印度洋地區的南海航綫。

在中國古代文獻中，最早、最詳細記載『海上絲綢之路』航綫的是東漢班固的《漢書·地理志》，詳細記載了西漢黄門譯長率領應募者入海『齎黄金雜繒而往』之事，書中所出現的地理記載與東南亞地區相關，并與實際的地理狀况基本相符。

東漢後，中國進入魏晋南北朝長達三百多年的分裂割據時期，絲路上的交往也走向低谷。這一時期的絲路交往，以法顯的西行最爲著名。法顯作爲從陸路西行到印度，再由海路回國的第一人，根據親身經歷所寫的《佛國記》（又稱《法顯傳》）一書，詳細介紹了古代中亞和印度、巴基斯坦、斯里蘭卡等地的歷史及風土人情，是瞭解和研究海陸絲綢之路的珍貴歷史資料。

隨着隋唐的統一，中國經濟重心的南移，中國與西方交通以海路爲主，海上絲綢之路進入大發展時期。廣州成爲唐朝最大的海外貿易中心，朝廷設立市舶司，專門管理海外貿易。唐代著名的地理學家賈耽（七三〇～八〇五年）的《皇華四達記》記載了從廣州通往阿拉伯地區的海上交通『廣州通夷道』，詳述了從廣州港出發，經越南、馬來半島、蘇門答臘半島至印度、錫蘭，直至波斯灣沿岸各國的航綫及沿途地區的方位、名稱、島礁、山川、民俗等。譯經大師義净西行求法，將沿途見聞寫成著作《大唐西域求法高僧傳》，詳細記載了海上絲綢之路的發展變化，是我們瞭解絲綢之路不可多得的第一手資料。

宋代的造船技術和航海技術顯著提高，指南針廣泛應用於航海，中國商船的遠航能力大大提升。北宋徐兢的《宣和奉使高麗圖經》詳細記述了船舶製造、海洋地理和往來航綫，是研究宋代海外交通史、中朝友好關係史、中朝經濟文化交流史的重要文獻。南宋趙汝適《諸蕃志》記載，南海有五十三個國家和地區與南宋通商貿易，形成了通往日本、高麗、東南亞、印度、波斯、阿拉伯等地的『海上絲綢之路』。宋代爲了加强商貿往來，於北宋神宗元豐三年（一〇八〇年）頒佈了中國歷史上第一部海洋貿易管理條例《廣州市舶條法》，并稱爲宋代貿易管理的制度範本。

元朝在經濟上採用重商主義政策，鼓勵海外貿易，中國與歐洲的聯繫與交往非常頻繁，其中馬可·波羅、伊本·白圖泰等歐洲旅行家來到中國，留下了大量的旅行記，記録元代海上絲綢之路的盛况。元代的汪大淵兩次出海，撰寫出《島夷志略》一書，記録了二百多個國名和地名，其中不少首次見於中國著録，涉及的地理範圍東至菲律賓群島，西至非洲。這些都反映了元朝時中西經濟文化交流的豐富内容。

明、清政府先後多次實施海禁政策，海上絲綢之路的貿易逐漸衰落。但是從明永樂三年至明宣德八年的二十八年裏，鄭和率船隊七下西洋，先後到達的國家多達三十多個，在進行經貿交流的同時，也極大地促進了中外文化的交流，這些都詳見於《西洋蕃國志》《星槎勝覽》《瀛涯勝覽》等典籍中。

關於海上絲綢之路的文獻記述，除上述官員、學者、求法或傳教高僧以及旅行者的著作外，自《漢書》之後，歷代正史大都列有《地理志》《四夷傳》《西域傳》《外國傳》《蠻夷傳》《屬國傳》等篇章，加上唐宋以來衆多的典制類文獻、地方史志文獻，集中反映了歷代王朝對於周邊部族、政權以及西方世界的認識，都是關於海上絲綢之路的原始史料性文獻。

海上絲綢之路概念的形成，經歷了一個演變的過程。十九世紀七十年代德國地理學家費迪南・馮・李希霍芬（Ferdinad Von Richthofen，一八三三～一九〇五），在其《中國：親身旅行和研究成果》第三卷中首次把輸出中國絲綢的東西陸路稱爲『絲綢之路』。有『歐洲漢學泰斗』之稱的法國漢學家沙畹（Édouard Chavannes，一八六五～一九一八），在其一九〇三年著作的《西突厥史料》中提出『絲路有海陸兩道』，蘊涵了海上絲綢之路最初提法。迄今發現最早正式提出『海上絲綢之路』一詞的是日本考古學家三杉隆敏，他在一九六七年出版《中國瓷器之旅：探索海上的絲綢之路》中首次使用『海上絲綢之路』一詞；一九七九年三杉隆敏又出版了《海上絲綢之路》一書，其立意和出發點局限在東西方之間的陶瓷貿易與交流史。

二十世紀八十年代以來，在海外交通史研究中，『海上絲綢之路』一詞逐漸成爲中外學術界廣泛接受的概念。根據姚楠等人研究，饒宗頤先生是華人中最早提出『海上絲綢之路』的人，他的《海道之絲路與昆侖舶》正式提出『海上絲路』的稱謂。選堂先生評價海上絲綢之路是外交、貿易和文化交流作用的通道。此後，大陸學者馮蔚然在一九七八年編寫的《航運史話》中，使用『海上絲綢之路』一詞，這是迄今學界查到的中國大陸最早使用『海上絲綢之路』的人，更多地限於航海活動領域的考察。一九八〇年北京大學陳炎教授提出『海上絲綢之路』研究，并於一九八一年發表《略論海上絲綢之路》一文。他對海上絲綢之路的理解超越以往，且帶有濃厚的愛國主義思想。陳炎教授之後，從事研究海上絲綢之路的學者越來越多，尤其沿海港口城市向聯合國申請海上絲綢之路非物質文化遺産活動，將海上絲綢之路研究推向新高潮。另外，國家把建設『絲綢之路經濟帶』和『二十一世紀海上絲綢之路』作爲對外發展方針，將這一學術課題提升爲國家願景的高度，使海上絲綢之路形成超越學術進入政經層面的熱潮。

與海上絲綢之路學的萬千氣象相對應，海上絲綢之路文獻的整理工作仍顯滯後，遠遠跟不上突飛猛進的研究進展。二〇一八年厦門大學、中山大學等單位聯合發起『海上絲綢之路文獻集成』專案，尚在醖釀當中。我們不揣淺陋，深入調查，廣泛搜集，將有關海上絲綢之路的原始史料文獻和研究文獻，分爲風俗物産、雜史筆記、海防海事、典章檔案等六個類別，彙編成《海上絲綢之路歷史文化叢書》，於二〇二〇年影印出版。此輯面市以來，深受各大圖書館及相關研究者好評。爲讓更多的讀者親近古籍文獻，我們遴選出前編中的菁華，彙編成《海上絲綢之路基本文獻叢書》，以單行本影印出版，以饗讀者，以期爲讀者展現出一幅幅中外經濟文化交流的精美畫卷，爲海上絲綢之路的研究提供歷史借鑒，爲『二十一世紀海上絲綢之路』倡議構想的實踐做好歷史的詮釋和注脚，從而達到『以史爲鑒』『古爲今用』的目的。

凡例

一、本編注重史料的珍稀性，從《海上絲綢之路歷史文化叢書》中遴選出菁華，擬出版百册單行本。

二、本編所選之文獻，其編纂的年代下限至一九四九年。

三、本編排序無嚴格定式，所選之文獻篇幅以二百餘頁爲宜，以便讀者閱讀使用。

四、本編所選文獻，每種前皆注明版本、著者。

五、本編文獻皆爲影印，原始文本掃描之後經過修復處理，仍存原式，少數文獻由於原始底本欠佳，略有模糊之處，不影響閱讀使用。

六、本編原始底本非一時一地之出版物，原書裝幀、開本多有不同，本書彙編之後，統一爲十六開右翻本。

目録

北户録

北户録

三卷

〔唐〕段公路 撰

〔唐〕崔龜圖 注

明抄本

北户録序

右拾遺内供奉　陸希聲譔

詩人之作本於風俗大抵以物類比興達乎性情之源自非觀化察時周知民俗之事博聞多見曲盡万物之理者則安足以蘊為六義之奥流為絃歌之美哉由是言之則古學者固不厭博博而且信君子難之東牟段君公路鄒平公之孫也自未能把筆燮以指画地如文字及六七歲受學果能強力不罷其學尤長於僻人所不能知者藉乎群籍之中佗佗然有餘力間者以事南遊五嶺間嘗采其民風土俗飲食衣製歌謡哀樂有異

于中夏者録而志之至于艸木果蔬蟲魚羽毛之類有瑰形詭狀者亦莫不畢載非徒止于所聞見而已又能連類引證与奇書異説相參驗眞所謂博而且信者矣噫近日著小説者多矣大率皆鬼神變怪荒唐誕妄之事不然則滑稽詼諧以為笑樂之資離此二者或強言故事則皆詆訾前賢使懲懲者以為口實此近世之通病也如君所言皆無有是其著于録者悉可考驗此蓋博物之一助豈徒為譚端而已乎君以予往年從事嶺南備覈其實請予序以為證予嘗觀圖于書府君狀皃一似鄒平公而又能以文學世其家於乎鄒平公為有

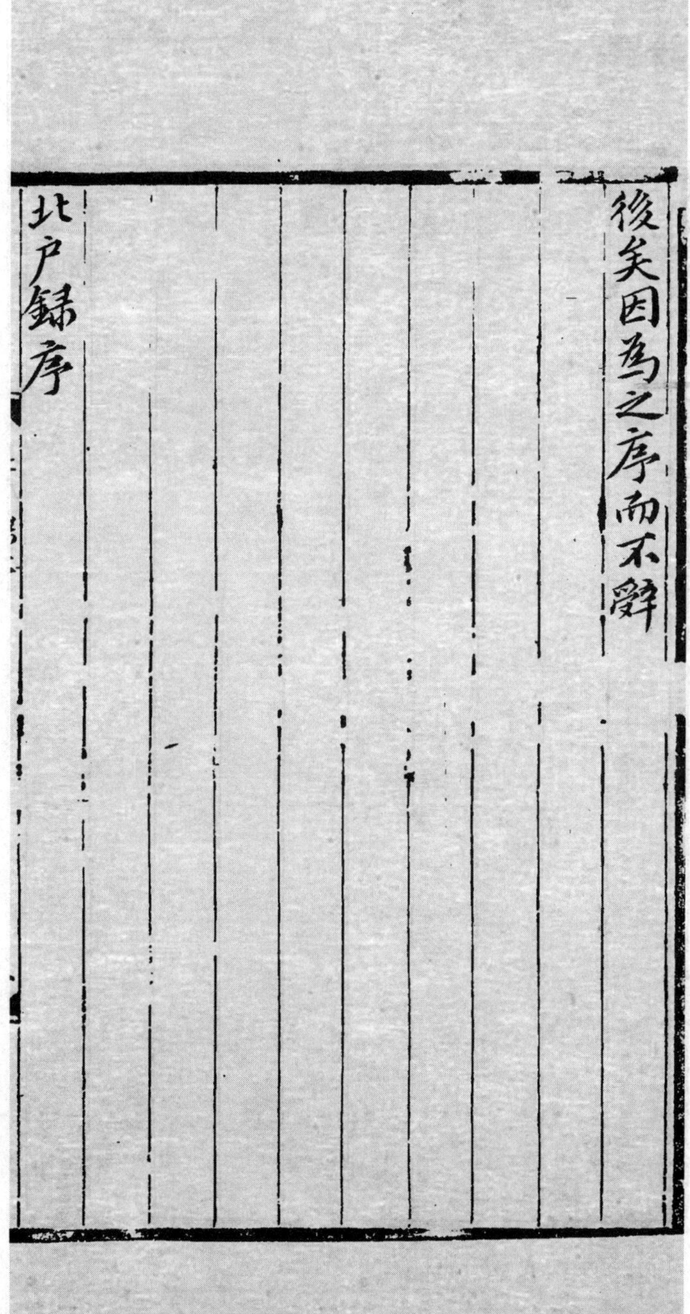
後矣因爲之序而不辭

北户録序

北户録目録

萬年縣尉段公路纂
登仕郎前京兆府參軍崔龜圖注

卷第一

卷苐二

蚊毋扇　鵝毛被　紅蝦盃

雞毛筆　雞卵卜　雞骨卜

象鼻炙　鵝毛脡　桄榔炙

紅鹽　米麪　食目

睡菜　水韭　蕹菜

班皮竹笋

卷苐三

無核荔枝　變柑　山橘子

橄欖子　山胡桃　白楊梅

北户録目録

北户録卷第一

年　縣　尉　段公路　纂

登仕郎前京兆府參軍崔龜圖注

通犀

通犀山海經云犀似水牛而猪頭脚似象有三蹄大腹黑色三角一在頂上一在額上一在鼻上鼻上小而不橢又云鼻上者良韓詩外傳曰太公使南宮适至義渠得駭雞犀獻紂犀角二一在頂上一在鼻上鼻上者食角也今人呼為胡帽犀是也抱朴子曰犀解角于山中人以木如其角代之犀不覺後年輒解也又南州異物志曰獸曰玄犀處自林麓食唯棘刺體兼五肉又含精吐烈望如華燭置之荒野禽獸莫觸置大霧重露下終不沾濡又堪爲釵纛事見吳均續齊諧記蔣潛得通犀纛後被豫章王江夫人斷以為釵魚名遠苑又云宋岑獲通犀纛貴与廬陵王義真又元康末婦人以犀角瑇瑁為斧鉞戈戟戴之首也撓藥酒酒生沫若貯米飼雞雞見輒驚散一呼駭雞犀駭雞犀出大秦又有

雝水犀行則水爲之開或中菌箭刺於創中立愈蓋犀食百毒棘刺故也愚重譯於番人事皆不虛廣志云犀角之好者稱雞脉白郭子横又云犀角表有光曰名明犀置闇中有影色今廣州有善理犀者能補白犀東觀漢記曰章帝元和元年日南獻白雉白犀補時以鐵夾〻定藥水煮而拍之膠爲一體製梳掌多作禽魚隨意匠物論其妙至於鑄玉者方之蔑如也又有裁龜甲或觜蠵斷日脚者陷黑玳瑁爲斑點者亦以鐵夾煮而用之爲腰帶襯襟子之類其焙淨眞者不及也玳瑁切韻字從玉文選字從虫歐陽詢飛白從甲愚以甲爲是字詁亦從甲也凡玳瑁甲生取者治毒第一其力不下菩薩石愚曾取解毒立驗南人神之亦甚辟惡与符拔甲

相類廣志云符拔如鱗里皮有鱗甲甲可以辟惡也

孔雀媒

雷羅數州收孔雀雛養之使極馴擾致於山野間以物絆足傍施羅網伺野孔雀至即倒網掩之舉無遺者或生折翠羽以珠刀毛編為簾子拂子之屬粲然可觀真神禽也又後魏書龜茲國孔雀羣飛山谷間人取養而食之字乳如雞鶩其王家恒千餘隻一説孔雀不匹偶但音影相接便有孕如白鷁雄雌相視則孕或曰雄鳴上風雌鳴下風亦孕見博物志又淮南八公相鵠經曰復百六十年變止雌雄相視目睛不轉而孕千六百年形定也又稽聖賦豪豕自為雌雄鈌臭曾無牝牡即雌兔舐雄而孕是也又周書曰成王時方人獻孔鳥爲六戎別名山海經南方孔鳥郭璞注孔雀也宋

紀曰孝武大明五年有郡獻白孔雀為瑞者噫象以齒而焚麝因香而死今孔雀亦以羽毛為累得不悲夫愚按說文曰率鳥者繫生鳥以來之名曰囮字林音由今獵師有囮也淮南萬畢術曰鴟鵂致鳥注云取鴟鵂折其大羽絆其兩足以為媒張羅其旁衆鳥聚矣博物志又云鵂鶹休留鳥一名鴟鵂晝日無見夜則目至明莊子云鴟鵂夜撮蚤察毫末晝出瞑目而不見丘山言性殊也人截手爪弃露地此鳥夜至人家拾取視之則知吉凶凶者輒更鳴其家有殃也陳藏器引五行書除手爪埋之户内恐為此鳥所得其鵂鶹即姑獲鬼車鴟鵂類

也姑獲玄中記云夜飛晝藏一名天帝少女一名夜遊
行女一名隱飛好取人小兒食之今時小兒之衣不欲
夜露者為此物愛以血點其衣為誌即取小兒也又云
衣毛為鳥脫毛為女人昔豫章男子見田中有六七女
人不知是鳥扶匐往先得其所解毛取藏之即往就諸
鳥各走取毛衣飛去一鳥獨不去男子取為婦生三女
其母後使女問父知衣在積稻下得之衣而飛去後以
衣迎三女兒得衣亦飛去鬼車一名鬼鳥今猶九首能
入人屋收魂氣為犬所噬一首常下血滴人家則凶荊
楚歲時記夜聞之捩狗耳言其畏狗也白澤圖云昔孔

子子夏所見故歌之其圖九首今呼為九頭鳥也毛詩義疏曰鴟大如鳩惡聲鳥入人家凶其肉甚美可為羹漢供御物各隨其時唯鴟冬夏施之以美也礼内則曰鴟胖莊子云見彈求鴞炙陳藏器又云古人重其炙尚肥美也又按說文曰梟不孝鳥至日捕梟磔之如淳曰漢使東郡送梟五月五日作梟羹賜百官以其惡鳥故食之愚謂古人尚鴟炙是意欲滅其族非為其美也又淮南萬畢術甑瓦止梟鳴取破甑向梟抵之輙自止也

鷓鴣

衡州南多鷓鴣解嶺南野葛諸菌毒及辟溫瘴前聴文

爲白圓點又一名鵊（音述）多對啼每啼連轉數音其韻甚
高廣志言遮姑鳴云但南不北（如逃閻聲云懸壺盧繫頸）古今注云其
鳴自呼（常向日飛畏霜早晚稀出飛即以樹葉覆其身上也）南越志鷓鴣充鳥也雖復東
西回翔然而命翮之始必也南翥其鳴自號杜薄州食
之無癘此三說啼処豈非于牛屋辯哉惟本草說鳴云
鉤輈格磔（竹客反）小類班鳩

鸚鵡瘴

廣之南新勤春十州呼爲南道多鸚鵡（字林鸚鵡書此鸚字又江表傳曰孫權曾大會有白頭鳥集殿前權曰此何鳥諸葛恪對曰白頭公張昭自以坐中最老疑恪戲之因曰未聞鳥名白頭公請使諸葛恪復索白頭姥恪曰鳥名鸚母未必有對請使輔吴復求鸚父也又說文鸚從鳥嬰聲鵡從鳥母声又曲礼鸚鵡能言不離飛鳥又山海經云數歷之山其鳥鸚鵡又云廣山

有之舌似小兒舌脚指前後各兩指扶南徼外有五色純白純赤者翠衿丹觜巧解人言有鳴曲子如喉轉者但小不及於隴右每飛則數千百頭南史云天竺迦毗利国元嘉五年献赤白鸚鵡各一頭又漢獻帝傳曰興平元年益州蛮夷献鸚鵡三枚各食三升麻子云此鳥有損無益後詔歸本国食禾葉榕實凡養之俗忌以手頻觸其背犯者即多病顫而卒土人謂為鸚鵡瘴愚親驗之咸通十年夏初有二大舶將五色鸚鵡至者南方異物志鸚鵡有三種青者大如烏白者大如鴟五色者大于青者五色者出于杜薄州也雖繡羽錦衣而病其胡語昔天監年交州有獻能歌鸚鵡者詔亦不納又張華有白鸚鵡華每行還輙說童吏善惡後窮然無語華問其故鳥云見藏甕中何由得知華在外令呼鸚鵡鸚鵡曰昨夜夢惡不宜出戶華猶強之至庭為鸇所獲人教其啄鸇脚僅而獲免又幽明録晋司空桓豁在荊州有參軍剪五月五日鴝鵒舌教令學語遂善能効人語笑声司空大會吏佐令悉効四座語無不絕似有一佐齆鼻語難学効之未似因納頭于甕中以効焉

遂不異也後主典人盜牛肉鸜鵒白參軍參軍曰汝云盜盜肉當應有驗鸜鵒曰以新荷葉裹着屏風後檢之果獲而盜者怨恚以熱湯灌殺之參軍為之悲傷累日遂請殺此人司空曰不可以禽鳥故而極之以法令止五歲刑也又淮南万畢術云寒皋斷舌可使語寒皋一名鸜鵒

赤白吉了

其年普寧有廉州民獲赤白吉了各一頭獻於刺史者其赤者尋卒白者久而能言凡笑語悉皆斅人斯珍禽也吉了身黑嘴赤首戴黃冠善斅人笑言声明切於鸜鵒好食雞子歛也愚按雲物上瑞鳥獸中瑞艸木下瑞夫聖人至德所臨則嘉祥必見故前有引赤雀白雀赤烏白烏赤燕白燕之流衆矣瑞應圖曰赤雀瑞鳥也又孫氏瑞應圖曰王者奉己儉約尊養耆老則見秦繆公出狩至于咸陽曰稷庚午天震大雷有火

下化作白雀銜緑丹書集公車公俯取其書言繆公之霸訖胡亥秦家世事又礼記命徵曰得礼之制澤谷之中有赤烏焉孝經援神契曰德至鳥獸則白烏下又熊氏瑞應圖曰皇者八妾有序經緯不差應時之性命則赤燕銜丹書而至白燕事略同也愚又見顧野王以遠方所貢赤白鸚䳇編為瑞者今回錄赤白吉了亦請附焉宋紀曰文帝元嘉中湘州献赤鸚䳇臧榮緒晉書曰義熙中林邑献白鸚䳇也

緋猨一作鍰

公路咸通十年往高涼程次青山鎮鎮府設以備他盜也其山多猨有黄緋者緋者絶大毛彩殷鮮真謂奇獸夫猨則狙玃

猨五百歲爲玃抱朴子曰猴壽八百歲繁露曰猨似猴大而黑長前辟猨所以壽者好引其氣也猱猴究似也狖猨之類其色多傳青白玄黃而已小說云伍彥爲交州時林邑王范能獻青白猨各一口山海經云堂庭山多白猨今三峽有白額猨按樓炭經云鳥有四千五百種獸有二千四百種白虎通云羽蟲三百六十有六鳳爲之長毛蟲三百六十有六麟爲之長今則豈可窮其族類欤其猨能伏鼠論衡曰鹿之角足以觸犬猴之手足以搏鼠然而鹿制于犬猴伏于鼠亦如淮南子曰蝟使虎申蛇令豹止物各有所制也多群行玄者善啼雌黃而雄黑也啼數聲則衆猨吽嘯騰擲如相呼去焉其音凄入肝脾韻合宮徵方知當呼去一部鼓吹豈獨于鼃聲者哉愚因召獵者捕而養之目爲巴子極馴不貪食于樹杪間呼之則至但辟長身不便於行而未見通臂者也後一

歲自潘州迴路歷仙虛潘茂眞人燒丹之処南人呼市為虛今三日一虛按神農氏日中為市致天下之民聚天下之貨交易而退各得其所蓋取之噬嗑易下係噬嗑合也市人之所聚異方之合耳聞舊山猿啼不食而卒噫其為獸之性一何仁耶是知鄧芝感事捘弓故無虛語且梁朝猿卒責食吏違四日方送麃心柿四貫及責玄圃養猿吏云残林猶護其子堪杖四十復引雞塚鵝魂狗葢馬帷之事瘞之又陸機伏犬黃耳能解人言常傳書自洛至吳纔半月而返及死機為製棺槨殯之村人號為黃耳冢愚遂數其事籍之以薪藏之以坎

蚺蛇牙

蚺蛇大者長十餘丈圍可七八尺多在樹上候麞鹿過

者吸而吞之至鹿消即纏束大樹出其頭角乃不復動夷人伺之乃以竹籤〻繁之取其膽也亦如巴虵食象三歲而出其骨金樓子云楚詞云虵有吞象厥大何如故南裔異物志曰蚺惟大虵既洪且長采色駁犖其文錦章食麞吞鹿腴成養創賓享嘉食是豆是觴言其養創之時肪腴甚肥美傳云以婦人衣投之則蟠而不起證俗音云蚺蛇肉食之辟蠱毒元和御覽引括地志云蚺虵牙長六七寸土人尤重之云辟不祥利遠行賣一枚直牛數頭愚按古方刮虎牙治犬咬瘡神効無比未聞虵牙有利于人者抱朴子云蔡誕入山還家云被謫到崑崙崐崘下白虎螻虵長百餘里口中

牙皆三百斛船大一何壯哉比廣州南海縣每年端午日常取其膽供進鼉則諸郡採送錄事參軍親看出之按晉中興書曰顏含嫂病困須髯蛇膽不能得含憂歎累日有一童子持青囊授之含乃鼉膽也童子化為青鳥飛去以此驗之眞膽不可得也近歲令桂賀泉廣四州輪次進焉其膏俗傳不利人其皮可鞔鼓令潮州和鱗為之聲絕与象皮鼓相類（蕃船上多以象皮鞔鼓鼓長而頭尖狀如棗核謂之梹榔鼓廣志云象性久別見其子必泣一枚重千斤）南越志云開寧縣多吳公大者皮可鞔鼓（沈瑩異物志云東南海中吳公長數丈毆牛俚人秋冬間遇之鳴鼓与舂堂驅逐之）

紅鼉

公路至雷州對岸倚舟候風勢見群小兒簇二巨虵各長丈餘一如孔雀珠毛色金翠奪目一如真紅色鮮明若血又有十餘頭白虵前後相次若導從俱入一榕藤竅内竟不復出故知虵有艸木水土四種其類不可窮也又歸化縣有兩頭虵南越志云無毒夷人餌之蕪名苑云兩頭虵一名越王約髮俗占見之不祥然論衡引楚相孫叔敖天祐著何也會冣又云渾夕之山嚻水出焉有虵一首兩身名曰肥蟥見則大旱管子曰涸水之精名曰蟡音威一頭兩身以其名呼之可使取魚鼈長八尺虵也愚又憶近事韋中令皋鎮西蜀時有黄柑一樹

方熟忽數夕衆實皆落唯樹杪一蔕獨存其大如椀枝葉滋茂異于常者園吏具白韋令韋令親視之曰此奇果也非臣下宜食議欲表進令去蔕尺餘折之其實從蔕自落有善醫者昝殷侍立曰凡木實未過時蔕脫者乃实之病也請鍼驗之韋令再三方許昝殷引鍼就蔕刺之其实應手而轉殷則連下一刺血濺盈袖韋令大驚因命破之乃兩頸虵也異苑又云河内司馬元猷元嘉中為新塗令喪官月旦祭柑化而為鵞又何怪也

蛤蚧

蛤蚧首如蟾蜍背淺綠色上有土黃斑點若古錦紋長

尺餘尾絶短其族則守宮博物志云蝘蜓以器養之飼以真朱砂躰盡赤重十斤擣万杵以点女人支体終身不滅淫則點落故号守宮漢武為之有驗也刺蝪搜神記謂蝘蜓諺俗音云山東謂之蝀蜆之蜥蝪蝪蜓音七賜名敵反陝以西謂之壁宮蝀蜆字見集韻又說文曰在壁曰蝘蜓在草曰蜥蝪古今注一曰龍子善于樹中捕蟬食之五色者曰蜥蝪短大者為蠑螈一曰虵師大者長三尺其色玄紺善魅人鄭公虔又云蠑蚖蜥蝪蝘蜓守宮別四名又蠑蚖虵醫也多居古木竅間自呼其名聲絶大或云一年一聲驗之非也端州大廳有蛤蚧州吏云其來多年至今每鳴或三声或一声不定也又有十二時虫亦其類也大者一尺尾長于身背生鬐鬣行疾如箭傳云自旦至暮变十二般色傷人必死愚嘗獲一枚閉于籠中觀之止見变黃褐赤黑四色一云其首隨時輒作十二屬形乃言之過也

紅蟹殻

儋州出紅蟹顏之推云說文或作蠏即蝤蛑擁劍證俗音蝤蛑大蟹也音在侯莫侯反又古今注云擁劍一名執火螯赤也顏氏家訓曰擁劍狀如蟹但一螯大耳異物志俗謂之越王鈴下何遜詩云躍魚如擁劍是不分魚蟹也蟛蜞證俗音有毛者曰蟚蜞無毛者曰蟛蜞堪食俗呼彭越訛耳世說云蔡司徒誤食蟚蜞吐下謝仁祖曰卿讀爾雅不熟幾為勸學死蟛音滑倚望臨海異物志倚望常起顧睨西東其狀如彭蜞大行塗土四五進輒舉兩螯八足起望行如此青色也招潮修文殿御覽招潮小蟚蜞殼白依潮潮長退皆坎外舉螯不失常期俗言招潮子也竭朴臨海異物志曰竭朴大于蟛蜞殼黑斑有文章常以大螯障目挾其小螯取食也沙狗臨海異物志沙狗似蟛蜞壞沙為穴見人則走易遁不可得也蘆虎臨海水土異物志曰芦虎似蟛蜞兩螯正赤不中食也數丸蔦名苑曰數丸形似蟛蜞競取土各作丸滿三百而潮至大小殼上多作十二點深燕支色亦如鯉之三十六鱗耳陳思王云五尺之鯉一寸之鯉但大小殊而鱗之數等其殼与虎蠏堪作罍子虎蠏殼色黃赤文如虎首斑至於鸚危螺杯不同年而語也鸚危今多之名見吳均集鸚鵡兩鳥也喙大而鈎一尺黃赤色受二升堪為酒杯南越志曰一名越王鳥竺法真登羅山疏曰鳥狀似鵞口勾可受

二升南人以為酒杯珍于文螺鳥不餌臿魚惟噉木葉糞似薰陸香按蟹一名蛫音詭廣雅云雄曰蜋螘雌曰博帶抱朴子又云山中辰日稱無腸公子蟹也古今注云小蟹一名長卿廣志云蜅音脯小蟹大如貨錢又蠏奴如榆莢在其腹中生死不相離博物志曰南海有水虫名曰蒯蚌蛤之類也其中小蟹大如榆莢蒯開甲食則蟹亦出食蒯合則蟹亦入始終生死不相離也山海經載千里蟹金樓子云天下之大物有北海之大蟹也洞冥記有責百足蟹長九尺四螯者今恩州又出石蟹其類則零陵燕湘鄉魚建寧蝦綿谷鼈也零陵石燕遇雨則飛又度稘之湘州記云湘鄉縣有石魚山石色黑而理若魚發開一重輙有魚形鱗鬐首尾若刻畫燒之作魚膏臭亦如之水經云郎鄉縣西石山出石蝦蟖南越志建寧縣出石蝦也又年代録云石季龍時利州綿谷縣山北溪中有石鼈數千頭登岸暴田中苗稼軍殘毀至今鼈無頭也

蛺蜨枝

公路南行歷懸藤峽（峽郎富州界也）維舟飲水因覩崖側有一木五彩初謂丹青之樹（武陵記辰州嵩溪有丹青樹直上籠雲下無枝條上有五色葉狀如華蓋玉屑云按在辰陽縣也）因命童僕採之頃獲一枝尚綴嫩蜨凡二十餘箇有翠碧紺縷者金眼丁香眼者紫斑者黑花者黃白者緋脉者大如蝙蝠者小如榆莢者（沈佺期賦云二角六足蠕腹狀蛾脉紺縷以玄翅點赬珠以緗窠也）愚因登岍覘之乃木葉化為是知蜨生江南甘橘樹中（古今注蛺蜨一名野蛾江東人謂之撻末其大黑色或青斑者名鳳子一名鳳車一名鬼車是也）麥為蛾蜨烏足之葉為胡蜨皆造化使然豈虛語歟公路嘗見盧員外摩說捉得一粉蜨如兩手大上有散綠點丁香眼前翅頭兩畫

燕支色後翅為燕尾分亦蛺之異也又會要云大食國西隣大海嘗遣人乘船經八年未極西岸中有一方石石上有樹榦赤葉青樹生小兒長六七寸見人皆笑動其手腳凥着樹枝其使摘取一枝小兒即死也異苑云太元中汝南人入山伐木見一竹中央蛇形已成上枝葉如故吳郡桐廬民嘗伐薪遺竹一宿見一蛇化雉頭頸盡就身猶未變此亦竹為蛇蛇為雉也

紅蝙蝠

紅蝙蝠出瀧州皆深紅色唯翼脈淺黑多雙伏紅蕉花間採者若獲其一則一不去南人收為媚藥与象鼻乘丞乘

鸎珠蠬蜂諸龍為比象鼻蟲有鼻長二寸許而紅其前翼麴塵色副翼異為班紅色多在龍眼樹上鸎魚珠廣州
記云鸎形如熨斗郭璞云形如惠文冠青黑十三足雌常負雄取之必得其雙子如麻子堪為醬即鸎子醬也其珠如栗黃南人或帶或磨飲之云
利市蜫蜂生于橄欖樹上自呼其名声响岩谷諸龍雄从雌至出瀧州水族至其前即跳躍泊置諸瀧取而食之房千里投荒録亦具記王子
年拾遺記云有五色蝙蝠異物志鼍蟲魚因風雨入空
木而化為蝙蝠其肉甚美靈芝圖說白蝙蝠古今注一曰仙鼠五百歲則色
白腦重集物則頭垂故謂倒挂蝙蝠食之神仙水蟲經曰夷道縣丹水遥亭下有石穴穴中有蝙蝠大者如鳥倒挂与玄中記說畧同服之
壽万歲又媚藥載嗽金鳥辟寒〻金三国時昆明国貢魏嗽金鳥鳥形如雀色黄常翱翔海上
吐金屑如粟鑄以成器服宮人爭以鳥所吐之金為釵佩謂之辟辟寒〻金以鳥畏寒也又宮人相嘲弄不服辟寒金那得帝王心龍子事具蛤蚧
布穀脚脛骨媚藥也男左女右帶之置水中能相隨逐尔雅謂之鳲鳩令人云布穀牝牡飛鳴以羽翼相擊云鳴鳩拂其
羽鸛腦淮南万畢術曰鸛腦令人相思砂挼一名蔄子能倒行置枕中令夫妻相好也其事見陳藏器本草萱艸

姑媱山帝女死焉其名曰女尸化䔄草其葉茸或言葉相重音亦遥反華黄服之媚于人一名荒夫草此是也**茍草**青要之山有草狀如葌菅似茅也方莖黄花赤實其本如藁本名曰茍草或作苞服之美人色令人更美艷也**左行草**使人無情范陽常進大業記錯綵菱花似左行草花葉纖長而多色正赤甚美香也獨未見録紅蝙蝠處豈鬬載乎又有無風獨摇草亦生嶺中男女帶之相媚頭若彈子尾若烏毛兩葉開合見人自動故曰獨摇草本草拾遺具也又陳藏器云榼子蔓生取子中人多食之主解蠱毒帶于衣令人有媚多迷人子如土瓜無毛秋熟色赤形如酒榼也

金龜子

金龜子甲蟲也五六月生于草蔓上大于榆莢細視之

眞金帖龜子行則成雙類辟龜耳事見洞冥記其蟲夊則金色隨滅如螢光也南人收以養粉云与汞粉相宜按竺法眞登羅山疏曰金光蟲大如斑猫形色文彩全是龜余偶得之養翫彌日疑此是也又南雍州記曰石橋水經南陽結爲池出靈龜色如金縷也玉屑亦具論衡又云龜三百歲大如錢著七千歲生一莖此神物故生遲也

乳穴魚

全義之西南有山曰盤龍山有乳洞斜貫一溪號曰靈水洞記曰山曰靈山水曰靈水出而有靈是以名也且地志山經所不載又蟲臭魚大小修尾四足朱丹其腹游泳自若漁人不敢釣之昔有人窮其源至數日者罾炬多爲白蝙蝠所撲中若風雨

聲習〻然皆毛戰不敢進葢神仙之窟宅豈腥膻者擬容易造乎夫天下名洞三十有六而洞庭林屋當其九也按洞庭林屋即吴王使靈威丈人得禹書之處禹書一曰靈宝經三卷亦曰靈宝符昔吴王闔閭戒受之不解其詞乃遣使賫此以問孔子孔子不發其函而言昔聞童謡曰吴王出游觀五湖龍威丈人名隱居北上包山入唐墟乃造洞穴竊禹書天帝大文不可舒今強取之令国虚又華陽洞是林屋洞之右門也其小者不可勝言得非名在九微志中世俗所未聞耶其洞有金沙龍盆魚皆四足修尾丹腹狀若守宮游泳水濱人莫敢犯按御覽云盤龍山天宝六年改為龍蟠山山有石洞洞中有石林石盆人每秉燭遊者嘗見龍跡洞中小水水有四足魚皆如龍形人敺之即風雨也然唐韻云鰼魚名四足山海經云人魚如鯑

（音啼）魚四蹄出丹洛二水有鯢大者謂之鰕（音啼）尔雅注鯢似鮎四足聲似小兒但未見言其可致風雨耳公路因思道書説五頭魚（張天師二十四治具之）三足鹿（翔法師云四明山有白鹿二頭三足即葛仙翁桐机所化）皆神仙所致不可以類而穪也若以魚之異者則醴泉之魚名朱鱉六足有珠（呂氏春秋具江賦云赬鱉唏躍而吐璣是也）又歷磵潭有五色魚俗以為靈而莫敢捕因謂是水為龍魚水（水合沂水）又丹水出丹魚先夏至十日夜伺之丹魚必浮水側赤光上照赫然如火網而取之割血以塗足下則可步履水上（出丹水縣抱朴子具南越志云有魚名曰騰色黃味美夜即有光一如照燭）又翔法師云鱐（音蕭）魚一首十身氣如蘼蕪（山海經何羅魚一首十身皆如犬吠食之已癰也）初學記引鯉魚背上有斑

文腹下有純青海水將潮及天將雨毛皆起潮還天晴
毛皆伏常千里外可知海潮亦如博物志云牛魚也又
金魚腦中有麩金狀如竹頭魚出卭婆塞江一名江魚常食麩金又
吳王江行食鱠有餘弃江中為魚今江中有魚名吳王
餘鱠者長數寸大如箸是也又魏武四時食制曰望魚
側如刀可以刈艸出豫章白髮魚戴髮形如婦人白肥
無鱗出滇池又郭延生述征記曰城陽縣城南六里堯
毋慶都墓廟前一池魚額間有印文謂之印頰魚非告
祠者捕不得臨海志又曰印魚鱗額上四方如印有文章諸大魚應死者印魚先封之又臨海異物志
鱁魚如指長七八寸但有脊骨好作羹滑美似餅大者

如竹曝作燭極有光明又比目魚一名鰈音牒一名鰜音兼狀似牛脾細鱗紫黑色一眼兩片相合乃行沈懷遠南越志謂之版魚亦曰左介介亦作魪唐韻魪比目魚也吳都賦云雙則比目片則王餘陳仲弓異聞記東城池有王餘魚池決魚不得去將死或以鏡照之魚看影謂其有雙於是比目而去異物志南方鏡魚圓如鏡也又異苑云鰌音陷魚凡諸魚欲產鰌魚輒以頭衝其腹世謂衆魚之生毋又臨海水土異物志鹿魚頭上有兩角如鹿又云鮻閻蒸反魚背腹皆有刺如三角菱又神異經云黃公魚長七八尺狀如鯉魚晝在石湖中夜化為人刺之不入煮

之不效以烏梅二七煮之即𪍿食之治邪病若此之類豈勝言計

魚種

南海諸郡郡人至八九月於池塘間採魚子著艸上者懸于竈烟上（魚八九月多于水韭上放子水西菜上放子水西菜即水艸也土人呼之未詳）至二月春雷發時却收草浸于池塘間旬日内如蝦蟆子狀悉成細魚其大如髮土人乃編織藤竹籠子淹以餘粮或遍沼蠣灰（禹餘粮也蛎灰即異物志古賁灰牡蛎殻又南越志蛎蠔甲也）收水以貯魚兒鬻于市者號為魚種種魚即鯰鯽鱧鯶之屬（鯰魚其鱗如銀肉白如雪脆而且甜偏宜作鱠北中無也故異物志曰南方魚多不肥美唯鯰魚為上作鱠無比作炙尤香美又楚詞注曰鱝鮒魚說文作鰿永嘉記作鯽證俗音曰吳人呼為鯽魚也）於池

塘間一年内可供口腹也愚按陶朱公養魚經曰朱公謂威王治生之法有五水畜第一水畜魚池也以六畝地為池池中有九洲求懷姙鯉魚長三尺者牝二十頭牡魚四頭以二月上庚日内池中令水無聲魚必生至四月内一神守六月内二神守八月内三神守神守者鱉也魚滿三百六十則蛟龍為之長而將魚化飛去内鱉則魚不復去池中周繞九洲無窮自謂江湖也至來年二月得鯉魚長一尺者一萬五千枚三尺者二十四枚至明年得長一尺者十萬枚長二尺者五万枚長四尺者二十四枚留長二尺者二千枚作種所養理不相長也又

欲令生魚法要須載取藪澤陂湖饒大魚之処近水際土十餘載以布池底三年之中即有大魚此由土中先有大魚子得水生也又南史云始興盧度字孝章有道術隠居屋前池養魚皆名呼之次第來取食乃去也又拂林國有羊羔生于土中其國人候其欲萌乃築墻以院之防外獸所食然其臍与地連割之則死唯人着甲走馬擊鼓駭之其羔驚鳴而臍絶便逐之水草煬帝欲通之竟不能致貞觀十七年間其王波多力遣使獻赤頗黎金精等物又博物志云取鱉剉如棊子搏赤莧汁和令厚以茅苞之六月投于池澤中經旬變變成鱉也

水母

水母魚名苑云一名鮓一名石鏡南人治而食之云性熱偏療河魚疾也其法先以草木灰退去外肉中有一物或紫或白合油水再三洗之雜以山薑豆蔻煮過其瑩徹不可名狀至于真珠紫玉無以比方此物須以蝦醋煮食之益相宜也按博物志云東海有物狀如凝血縱廣數尺無正負名曰鮓亦無頭目腸臟衆蝦隨之越人食之稽聖賦云水母東海謂之蛇蜻音正白濛濛如沫生物皆別無眼耳故不知避人常有蝦依隨之蝦見人驚此物亦隨之而驚以蝦爲目自衛也亦如𧍲肉有眼

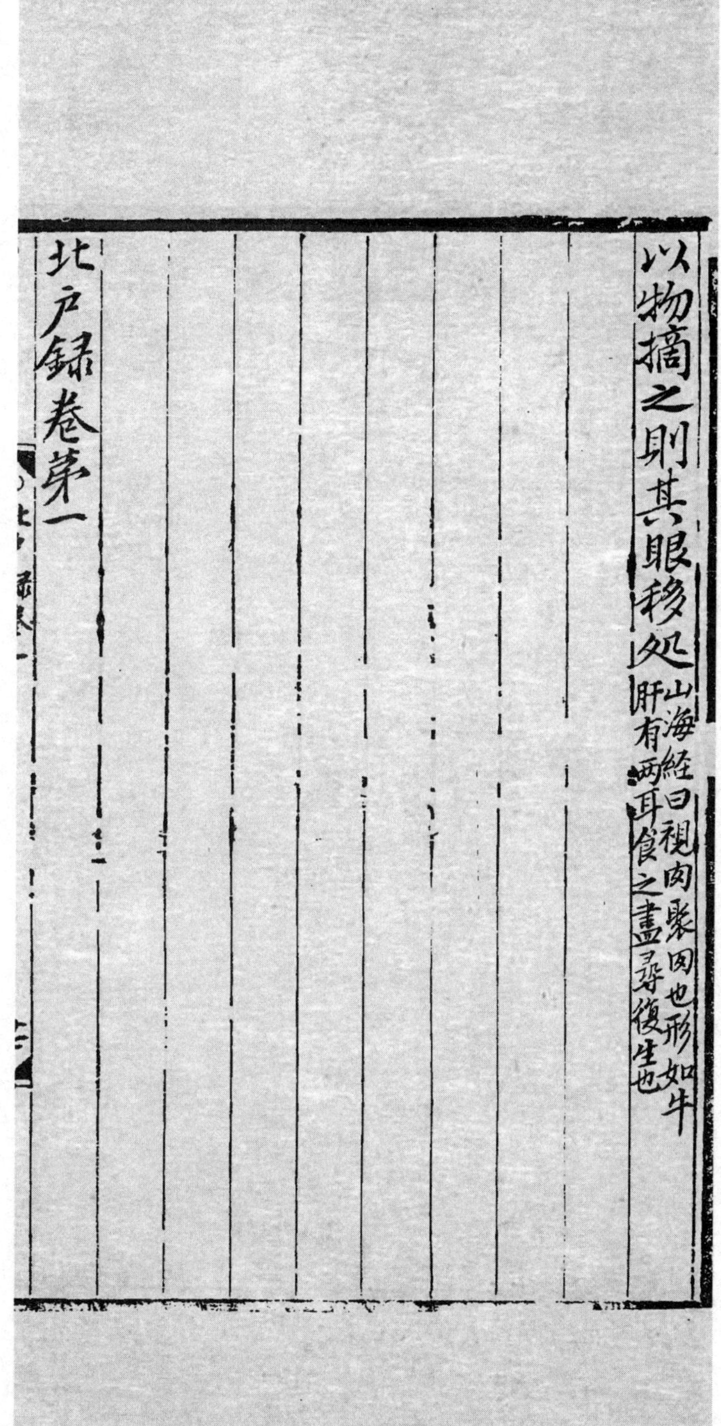

以物摘之則其眼移処山海経曰視肉聚肉也形如牛肝有兩耳食之盡尋復生也

北户録卷第一

北户録卷第二

萬年縣尉段　公路　纂

登仕郎前守京兆府參軍崔龜圖注

蚊母扇

端新州有鳥類青鵁而觜大常在池塘間捕魚而食每作一聲則有蚊子羣出其口（今謂之吐蚊鳥）按爾雅曰鷏（音）鳥似烏（鳥）而大黄白雜色鳴如鴿聲廣志云蚊母此鳥吐出蚊也土人云其翅堪爲扇惟辟蚊子与陳藏器説同又云塞北有蚉母艸嶺南有蚉母木此三色異類而同功南越志又云古度樹一呼郍子南人號曰梍（日亞反）不華而

實実從木皮中出如綴珠璫其実大如櫻桃黄即可食過則実中化為飛蛾穿子飛出愚驗之亦有為蚊子者

鵝毛被

邕之南有酋豪多熟鵝毛為被毛取頂上及腹下嫩毛蒸治之如稻畦衲之其温軟不下綿絮也一云甚宜小兒愚記陳藏器云鵞毛主小兒驚癇疾掣者盖為此也按上古十紀有合雒紀教人穴處自食鳥獸衣其皮毛豈遠夷尚敦古之遺風耶愚憶會要載女國毛褱都播國緝鳥羽以為服洞冥記云董謁聚鳥獸毛寢家訓云朱詹飢即呑帋寒即抱犬讀書亦事較著者也

紅鰕桮

紅蝦出潮州潘州南巴縣大者長二尺土人多理為桮
或鈿以白金轉相餉遺乃玩用中人物也王子年拾遺
云大蝦長一尺鬚可為簪洞冥記載蝦鬚杖馬丹常折毋蝦須為杖後
弃杖為舟石于海傷也王隱晋書云吴復置廣州以南陽滕循為刺史或語循蝦須長一丈循不信其人後故至東海取須長四丈四赤封以示循方乃
服也然蕙名苑云廣州獻蝦頭桮箇文將盛酒無故自躍
乃不復用愚又按毛詩義疏貝大者有一尺六七寸今
九真交趾以為桮盤實奇物也六韜商王拘周西伯于羑里太公与散宜生出金千鎰求珍物以免
君罪九江之浦有大貝百馮詩作朋也廣志曰海文蠡有大者受一斗南人以為
酒桮又搜神記謝端侯官人少孤為鄉人所養年十八
恭謹自守後于邑下得一大螺殼如三斗盆將置甕中

早至野還見有飲飯湯火処端疑之於籬外窺見一少女從甕中出至竈下燃火便入問之女答曰我天漢中白水素女天帝哀卿少孤使我來相爲守舍炊煮使卿後得婦當還今無故相伺不宜復留今留此殼貯米可得不乏忽然風雷而去也又異物志蒼鷹螺江東人以爲糉也

雞毛筆

番禺諸郡如隴右多以青羊毫爲筆韶州擇雞毛爲筆其三覆鋒亦有圓如錐方如鑿可抄寫細字者昔谿源有鴨毛筆以山雞毛雀雉毛間之五色可愛徵其事得

非入江淹夢中者乎且筆有豐狐之毫傅子云漢末筆非文犀之楨必象牙之管豐狐之毫秋兔之翰虎僕之毛博物志有獸緣木似豹名為虎僕毛可為筆也鼩鼱鼠毛廣志云可以為筆鼠鬚均州出羖䍽羊毛邛州取腋下旋毛麝毛貍毛鄭公虔云麝毛筆一管寫書直行四十張貍毛筆一管界行寫書八百張馬毛嘉州出羊鬚陶隱居燒丹封鼎際用羊鬚筆胎髮弗嫗多以小兒髮為柱筆鄭虔云蕭祭酒常用之又韋仲將筆方云筆柱或云墨池亦曰承墨又有御筆皮筆鐵筆龍筋金陵拾遺具為之然未若兔毫其宣城歲貢青毫六兩紫毫三兩次毫六兩勁健無以過也今嶺中亦有兔但纔大于鼠比北中者其毫軟弱不充筆用是知王羲之歎江東下濕兔毫不及中山又煬帝取滄州兔養于楊州海陵縣至今勁快不堪全用蓋兔食竹葉故耳然次有鹿毛筆晉張華嘗用之不下

兔毫按博物志云筆蒙恬造秦世有短書名為董仲舒荅牛亨問曰蒙恬作龍筆管鹿毛為柱羊毛被所謂蒼毫非兔毫也夫有筆之理与書同生具尚書中候云龜負圖周公援筆寫之其來尚矣

雞卵卜

邕州之南有善行禁呪者取雞卵墨畫祝而煮之剖為二片以驗其黃然後決嫌疑定禍福言如響荅據此乃古法也神仙傳曰人有病就茅君請福煮雞子十枚以內帳中須史茅君悉擲出中無黃者病多愈有黃者不愈常以此為候風土記曰越俗性率朴淳而未散至于有疾不卜問所請言天生天殺歸自然及其意親如合即脫頭上巾幘

解腰間五赤刀以厚結之為交拜親跪妻定交有礼俗皆常于山間大樹下封土壇祭以白犬一丹雞一雞子三名曰木下壄雞犬在其壇地民人畏之不敢犯也祝曰天地父母某月某日甲与乙為友善上下四旁莫不並見卿乘車我戴笠後日相逢下車揖我步行卿乘馬後日相逢卿當下如此者數千言益南人重雞卜也

愚又見卜之流雜書傳虎卜紫姑卜牛蹄卜灼骨卜鳥卜雞不法于着龜亦有可以稱者按博物志曰虎知衝破又能畫地卜今人有畫物上着推其奇偶謂之虎卜異苑曰世有紫女（一名紫姑）古來相傳云是人妾為大婦所嫉每以穢事相後正月十五日感激而死故世以其日作其形夜于廁門間或猪闌邊迎之呪曰子胥不在是其婿名曹夫人亦婦去即其大婦也小姑可出戲捉者覺重便是神來奠設酒果亦覺面貌輝輝有色即跳

躁不任能占衆事卜行來蠶桑又善射鉤好則大舞惡則仰眠又魏畧曰高句驪有軍事祭天殺牛觀蹄以占吉凶蹄解者凶合者吉夫餘國亦爾又云倭國大事輙灼骨以卜先令如中州令龜視坼占吉凶也又會要曰東女國以十一月為正每至十月令巫者賫酒餚詣山中散麥于空中大呪呼鳥俄有鳥如雉飛入巫者懷中因割其腹有一穀來歲必登若霜雪必多異災其俗因之名為鳥卜武德中其女王遣使貢方物也公路又按子路見孔子曰豬肩牛膊可以得兆何以蓍龜孔子曰取其名也夫蓍者耆也龜者舊也狐疑之事當時問耆

舊也又有鏍段卜遺

雞骨卜

南方逐除夜及將發船皆殺雞擇骨為卜傳古法也漢書郊祀志云越祠雞卜如鼠也今南人憑之頗有神驗每取雄雞一隻以香米祝之後即生折其腿削去皮肉或烹取之卜男左卜女右看之其骨有二竅或七八竅左為人右為鬼取陰陽之理也乃以竹筳刺于竅中而審其兆如人在上鬼在下為吉人在下鬼在上為凶如人鬼頭相背事遲緩相就事疾速占吉即以肉祠船神呼為孟公孟姥其來尚矣按梁簡文船神記云船神名馮耳五行書云下船三拜三呼其名除百忌又呼為孟公孟姥劉思貞云玄冥為水官外為水神冥孟聲相似又孟公父名幘母名衣孟姥父名板母名履或云冥公冥姥因玄冥也異苑曰船人曰孟公孟姥利涉之所處奉商賈之所崇仰也荊州送迎檀

烹牛為祭桓宣武始鎮陝西不依舊法祭至荊州平乘中江而漂梢柂莫制呪請之止公路咸通辛卯年從茂名歸南海陸盡東口行次水程舟人具牢醴以祭船神請愚為祝詞曰歲在單閼時及朱明栁絮風老桃花水平倚蘭檝兮淺岸張布帆兮長汀粤有舟子請禱玄冥孟家遂郎建高檣間左郭列牂牁呼著作召靈胥邀海若對鮫浦而烹牢當鹿床而命爵于是具六味羅八珍羽毛咸備蘇膏必陳剖蜆陸兮合雜劙博帶兮繽紛螃玉色魚錦文噎鳩餅脆騎驢酒新無非可口兼乃着人果則獨根橄欖焦核荔枝三節竿蝫細腰蜃壁沓署預蠡蘤素藕篤桴委盤篹篹堆案雜雜更有越方之儔解悟

之輩或衣朱裳或塗翠黛奏曲擫弦然膠爇蕙初叙詞而廻瞻遂傳詞而連嗹詞云神下降兮龍驤巫懽喜兮鼉態鴽雷電兮熒煌擁烟雲兮靉靆又曰船容裛兮何在櫓安穩兮緋徊絶鴽波兮此去隨馳潮兮朅來

象鼻炙

廣之屬城循州雷州皆產黑象牙小而紅堪為笏裁㕣不下船上來者（陶貞白云凡夏月治藥亦宜以象牙置邊）土人捕之爭食其鼻云肥脆偏堪為炙滋味小類豬而含消（今之炙也）亦不知一割牛心猩猩唇之美也愚按鱏魚䱯（士林反）兩味犀有五肉象有十二肉其膽隨月轉耳陳藏器云唯鼻是其本肉諸即

雜肉凡象白着西天有之五真臘有戰象五千頭會要云又供御陁国有青象皆中夏無也梁翔法師云象一名伽那古訓云象孕子五歲始生山海經云性妬不畜淫子西域記云有一僧行遇群象上樹避之象隨倒樹負之至林中有一病象足瘡而臥引沙門手至所苦処乃竹刺沙門為拔去之裂裳与裹俄頃一象持金函授病象病象轉授沙门發視之乃佛牙也又万歲曆曰成帝咸康六年臨邑獻象一知跪拜博物志曰日南四象各有雌雄其一雌死百有餘日其雄泥土着身獨不飲酒食肉長吏問輙流涕有哀狀

鶖毛脡

恩州出鶖毛脡乃鹽藏鱊魚音聿其味絶美其細如蝦蟲郭義恭云小魚一斤千頭未之過也魚大如針蜀人以為醬也又有嘉魚出邕江石穴中下至梧州戎城縣水口絶肥美亦堪為脡左太冲蜀都賦云嘉魚出于丙穴注云丙穴在漢中沔陽縣北有魚穴二所常以三月八月取之丙地名也魚鱗細似鱒魚博物志說同或云魚以丙日出穴故陳藏器云嘉魚乳穴中小魚能多食力強于乳丙者向陽穴多生此魚魚復何能擇丙日出入耶議者以陳言為是酈善長云穴口向丙又引柏枝山山有丙穴穴方數丈水

有嘉魚常以春末游渚冬入穴故知丙穴之魚不獨褒漢中有也愚按水中之穴通者謂之達據山海經云半石之山合水出其陰其陽多鰧魚其狀如鱖居逵水中之穴相交通者鰧音滕

桄榔条

桄榔莖葉与波斯棗古散古散堪為柱杖椰子檳榔小異其木如莎樹皮穰木皮出麵可食廣志云莎樹出麵華陽国志云郡少穀耿桄榔麪以牛酪食之吳録地志云交阯望縣有穰木皮中有如白米屑者乾擣之水淋似麪可作餅臨海志桄榔木作鋥鉎利如鐵中石益利唯中蕉根致敗物之相伏如此皮中有如米粉中作餅餌會衆又云都句樹似栟櫚木中出屑如麵可啖出交州洛陽伽藍記云昭儀寺有酒樹麵木得非桄榔乎南史云扶南国有酒樹似安石榴採其花汁停著甕中數日成酒醉人也木理有文堪為握槊局蕭名苑云其戲阿育王弟善容造梁天監中始來中土然双六賦云諸葛融開館延賓兮書並戲此則吳時已有賦内警句云若乃位占列星城分區月或七縱而七擒或百犯而百伐又崔令欽六博云握槊胡戲後魏書術藝傳云胡王有弟一人遇罪將殺之弟從獄中為此戲以上之意言孤則易

纵其後遂入中国世宗以後大盛于時有趙国李幼序洛陽丘阿奴皆善之梁武謂之婆羅塞戲胡謂六為佪數二為𩀱二今言握槊么二皆轉声也或妄云曹子建為之盖以其俱是魏同得罪于先事迹相似因此疑悞其心似藤心為眾滋腴極美其鬚可為帚香潤絶勝稯柟山海經云一名栟櫚也書云縛唱國納縛伽藍唐言新也有佛帚迦奢州作也郭義恭又云醜尉叟可為帚陶勝力集記說烏帚一名豐蕢當

紅鹽

恩州有鹽場出紅鹽色如絳雪驗之即由煎時染成差可愛也公路記鄭公虔云琴湖池桃花鹽色如桃花隨月盈縮在張掖西北隋開皇中嘗進焉一云十五日以前塩甘月半以後苦也按鹽有赤鹽紫鹽黑鹽青鹽黃鹽書抄云沈約宋書曰慮至彭城与張暢語送白毡赤塩又郭璞塩池

賦曰爛然漢明晃尔霞赤是也又虞世南書云蔡邕從朔方報羊月書云幸得无恙遂至徒所自城以西唯有紫塩也續漢書云天竺出黑塩又北堂書抄引博物志云北胡青塩但以味色浮雜爲不同耳黄鹽安西城北淵中有色如蕪菁華者鄭虔亦云成之自然國之宝也夫鹽本艸云牢肌骨去毒蟲明目益氣戎鹽即万畢術累卵是也亦有如虎周官如印博物志具又通典云九原歲貢印成塩五原貢塩山四十顆又水經云龍城池廣千里皆為塩而剛堅有大塩方如巨枕者又南史云大同中外国有献鳴塩枕者如纖荊楚記具如石如水精狀者南史月支恒水下有真塩色正白如水精或朝取暮生又非煮海所致者也

米䴵

廣州俗尚米䴵合生訣粉為之覞白可愛薄而復肕亦食品中珍物也按梁劉孝威謝官賜交州米䴵四伯屈詳其言屈豈今之數乎且前朝短書雜說即有呼食為

頭梁元帝謝賜功德淨饌一頭云瑤器自蒲金剪流味將漿含都蔗味資石蜜又
謝賚功德食一頭云天廚淨饌菴羅法果又劉孝威謝賜聖僧餘福果食一

頭云五杏七
桃靈瓜仙果以魚為斗梁科律生
魚若干斗茗為薄為夾溫嶠貢茗二百大薄又
梁科律薄茗若干夾

云筆為雙為床為枚搜神記云益州西有神祠自稱黃石公祈禱者持一
云
百帋一雙筆一丸墨先聞石室中有声便具吉凶不

見形也南朝呼筆四管為一床梁簡文帝答徐摛書
云時設書幌乍置筆床梁令云寫書筆一枚一万字墨為螺為量為丸

為枚陸雲与兄書今送墨二螺婦人集汲太子妻李与夫書云致尚書墨十
螺梁科律御墨一量十二丸皇后妃一量一百九蔡質漢官儀曰尚書令

僕丞郎月賜隃麋大墨一枚小墨一枚
宋元嘉中格寫書墨一丸限二十万字帋為番為幅為枚湘東啓上梁武
帝帋万幅筆四

百枚簡文帝集綱啓謹奉紅箋二千番陸倕有謝安成王賜西域箋帋一万幅梁
簡文帝又云特送四色帋三万枚湘東王會最云晉宋間有一種帋或一幅長文

餘言就船中抄之世謂爾蜀帋又云張載帋
銘並称帋為番紙字从糸蔡倫作帋从巾布為鼓梁祖布五丈度曰取
薄布二十匹為一鼓錦

為兩王儉云弊錦二匹為一兩一兩一匹二丈為端也左傳云歸
夫人重錦三十兩注錦以二丈双行故曰兩三十匹是也衣為裁

陸倕謝安成王楚越衣二
裁沈約有謝葛衫二裁也袈裟為緣梁文帝云蒙賚鬱金泥細納加衣袈一
緣忍辱之鎧安施九種功德之衣㡓

愧八法奴爲頭簡文帝書言安吉王餉胡子一頭云方言異俗極有可觀山高海深宛在其皃梁科律文云奴一頭婢一頭麝爲子䗶爲臍麝香如千子䗶如千臍齊建武四年事檳榔爲口胡桃爲子爲口陸倕謝安成王賜檳榔二千口又謝胡桃一千子又沈約謝賜臣交州檳榔千口云瀧編嘉實厥包遐遠其事不可備論今高州多採藷爲麻臍絶笠人味極芳美方言云人謂署蕷爲儲是也又都播國土多百合亦有取根以爲糧者事具會要本草云署蕷一名山芋山海經云景山多諸藇江南單呼爲藷語有輕重也其云法采藷去外皮磨之曝乾爲粉臨用時別取藷磨取濕者溲之他如麪法瓊州溲爲湯餅顏之推又云皃淡令去黑皮以爲粉作湯餅甚光滑

食目

韶州菜有蕪菁郡人採之爲葅脆而且甘不失北中味也方言豐蕘蕪菁也陳楚之郊謂之豐齊魯之郊謂之蕘關之東謂之蕪菁趙魏之間謂之大芥郭璞注蘴音蜂江東音菘又云紫花者謂之芦

菔證俗音曰葖芦菔蕪菁屬紫花大根俗呼為雹葖也愚按顧啓期婁地記曰薛山者
昔有薛伯道居此山不知何時人好稼植緣海散蕪菁
子今海邊尚有此菜云伯道所種又按司馬相如凡將
篇謂為葥菁當門證俗音容小學篇曰笏音吻菁會叙又云以子
江南種変為菘菘子黑蕪菁子紫赤也又據南朝食奠
中有芥子醬蘆菔根菹菘之類是江南為菘驗也證俗音云小李
章作芸今番禺唯韶州産蕪菁林檎木瓜廣志云一名黑琴似赤柰齊人要術曰林檎諶
為麪尔雅云楙木瓜也賈思協云凡書厨中安麝香木瓜即無蟲勤州出栗子形味俱劣一年栗方熟群鸚鵡至具喙食似盡實
州出梨梨大如拳有類浙東成家梨可蒸而食乃皮厚
肉硬又非衮家梨也繆雲成家出此梨因以為名世說云桓南郡玄每見

人不快輙嗔曰君得衆家梨當復不蒸不食舊語秣陵有哀仲梨甚大如升入口便消言愚人不別味得好梨而蒸食之也廣之人食品中有圓油飥凡力足之家有產婦三日足月及子孩晬為之飥以煎蝦魚炙雞鵝鴨煮猪羊雞子羹餅灌腸蒸腸菜粉餈粔籹蕉子薑桂鹽豉之屬裝而食之是也衉說文云羊凝血也音口紺反今廣人生以五味酢食之按證俗音云南謂凝牛羊鹿血為衉以蘿噉之消酒也蟻子醬蚳醢也今山源間有蟻子于茅根下為窠者収卵為醬也老鹹虀採老菜以餅和鹽藏之一如常法有入蕉心者其甕埋于池塘間至三年菜色如金土人所重蛤霍理如常法蛤即鮭也周書腐草為鮭陶注本草青脊者為土鼃黑者南人呼為蛤子南史卞彬為蝦蟇賦云紆青絁紫名為蛤魚以諷令僕漢書言鄠杜之間水多出鮭魚人得不飢又宋書張暢弟為猘犬所傷醫云食蝦蟇鱠可愈而弟有難色暢先食而弟方食果能愈疾即知前古之人食鮭久矣又衛波傳蝦蟇無腸龍蛇屬也抱朴子云万歲者頷下丹書八字南史丘傑列傳又云蝦蟇有毒夢中得三丸藥後服之下科斗子數升博物志所謂東南之食水產有黿蛤螺蚌之為殊味不覺其腥臊今按鮭唯性熱甚補人人有折其足於瓶中以人水養之不三五日其損如故亦有以蘇煎食者是也褒牛頭南人取嫩牛頭火上燂過證俗音炙去毛為燂似廉反復以湯毛去根再三洗了

加酒豉葱董煮之候熟切如手掌片大調以蘇膏椒橘之類都內于瓶瓮中以泥〻過塘火重燒其名曰褒愚曾于衡州食熊蹯大約滋味小異而不能及又按南朝食品中有奧肉法奧即褒類也先以宿猪肥者臘月殺之以火燒之令黃㶲水梳洗削刮令淨剗去五藏猪肪煼取脂臠方五寸令皮肉相兼著水令淹沒于釜中炒之肉熟水盡更以向所煼肪膏煮肉脂一升酒二升塩三升令脂沒肉緩火煮半日許漉出瓮中餘膏瀉肉瓮中令相淹食時水煮令熟切作大臠子調和如常肉法尤宜新其二歲猪肉未堅爛壞不堪作又有涎膪煎肖法方言煎熬炒偹火乾也煭字雀寔四民月令作炒古文偹字作僙字詁訓音平力反書此煭字陷火糟範炙毛淹魚白瀹肶法藥名煮也顏之推云瀹白煮肉尔雅注作灼字合豐雞合豐白肉蜜毛煎魚臨臉盧減反臨臉法用猪腸經沸湯出三寸斷之決破細切熬之与水沸下豉下汁研米葱董椒胡椒蒜下塩蘇等子細切血將奠与之早与血則變也淡奠有蟬臛乃古人爵鷃蜩花之類也薄夜餅用雞臛曼頭餅齊人要術書上字束皙餅賦此槾頭

字雀喘餅用酢穃丸餅渾沌餅要術書上字廣雅曰餛飩也字苑作餫顏之推云今之餛飩形如偃月天

下通食也夾餅安寒時㓨夾負心羅脂煮者糖蟹法周礼蟹胥音敘九月中取母蟹着水中勿令傷損及死一宿

腹中淨久則吐黃吐黃則不佳也先煮薄飴飴餳也着活蟹令糖中一宿煮

蓼湯和白塩極鹹待冷瓮盛半汁取糖中蟹內着塩蓼汁中便死蓼宜着少

多則爛泥封二十日出之擧蟹臍着薑末還復臍如初內着甜中百个一器

還以前塩蓼汁澆之令沒密封勿令漏氣便成矣特忌風中則壞而不美

蒸炙牛胘户堅反老牛胘厚而脆剗穿痛蹙令聚逼火急炙令上劈裂然後割之則脆美若挽令伸舒微火遥炙則薄而且肕經

云䠂丸炙如彈丸炙煑之皮脯馬腸鹿尾尺炙筩炙銜炙法鹿腐

菜葅紫菜葅爛畔盧龍時經云云葛鑽說文云鑽令呼羹和飾為之水波餅要術云立秋每

食煮餅及水波餅餅唯酒引餅入水爛水波得水難消也又果蕈合子有寒具證俗音麮麮內國呼為環餅亦呼寒

具鄭玄注周官有寒具未知是麮麮否力田反力走反百支⿰米壹截餅黃万柏饊饊急就篇飴餳說文曰熬稻餦

餭也音散桑但反廣雅粰粠饊也證俗音云今江南呼饊飯已煎米以糖餅之者為粰粠也音浮流白甘脆赤牒棗剝

棗胡麻糖雀頭糖廣董鬼目蜜櫝椰（周成雜字曰梹榔果也似螺可食）益智甘蕉甘欖根緣羊梅今瓊崖高潘州以糖煮嫩大腹梹榔辯州以蜜漬益智子食之亦甚美（按字苑曰雜藏果也音素感反顔之推云今以蜜藏雜果為粽）又有都念子花似紫蜀葵實如軟棗拾遺云甚甘美益人隋朝植于西苑中印度出那核婆果大如冬瓜熟則果赤剖之中有十小果大如鶴卵更又破之其汁黃赤其味甘美或在樹枝如衆果之結實或在樹根如伏苓之着土又波斯皁果葉長五六尺果堪食狀如人手樹高丈五葉堪作食簞又頻那婆果生樹後大如八石甕味甚甘食之使醉九日而蘇（見會冣也）愚又思束晳餅賦

餢飳當音部注饋燭顏之推云今內國餢飳以油蘇煑之江南

謂蒸餅為餢飳未知何着合古胅國語云主孟啗我胅

字林曰胅肴也音大濫反之推又云今內國猶言餅胅

及按方言江南有麁筋胅及臛之類又韓內本注出韓

國為之如羹而少汁加酢也婹女字林曰饋女也音乃

管反證俗音云今謂女嫁後三日餉食為餪女也

睡菜

睡菜五六月生於田塘中葉類茨菰根如藕梢其性冷

土人採根為鹹葅食之或云好睡郭子橫云五味草初

生味甘花時酢食之不使人睡亦名郄睡草又神異經

云四味木一名如之何其實其核形如棗子長五寸金刀割則苦竹刀割則飴木刀割則酸芦刀割則辛此説小類五味草也（又御覽顧凱之啓蒙記曰如何隨刀而改味也）

水韭

生於池塘中葉似韭有二三尺者五六月堪食不葷而脆得非龍爪薤乎（郭子横云龍爪薤有長七尺者）字林云蒼（音嚴）水中野韭也又㕭（音吟）見字林似蒜生水中鄭虔云薤辛除園河西長二尺塞北山谷間多孝文韭軍人食之周孝文帝所植如渭水源諸葛亮韭亦諸葛亮所種也酈善長又云平樂村五六里至東亭杜北山甚高峻上合下空東西廣

二丈許高起如屋中有石床旁生野韭人往乞者神許則風必偃之方可擷也如過越不偃而擷者有咎盛弘之荊州記亦與文小異

蕹菜

葉如柳三月生性冷味甜土人織葦簰長丈餘闊三四尺植于水上其根如萍寄水上下可和畦賣也陳藏器又云蕹菜味苦平無毒主解胡蔓艸毒胡蔓即冶葛也本草云鈎吻又名冶葛用羊血土漿水解之南州異物志曰但賊呼野葛爲鈎挽鄭廣文又曰人自來求死者取一二葉手挼汁出飲之半日死羊食苗大肥亦如巴豆鼠食則肥乃物有相伏如此者先食蕹菜後食野葛二物相伏自然無苦取汁滴冶葛苗當時瘁死廣州記曰菜水生以爲蔬土人重之愚按廣之菜

有椑字林椑辛菜也東風廣州記菜陸生置肥肉作羹味如酪香氣似馬蘭又左思吳都賦東風扶留是也𧿒音戢蜀土記曰𧿒香菜根似菜根蜀人所謂葅〻香也越絶書蕺山越王句踐種蕺処葧音鳧鳧茈苗也東觀漢記王莽末南方枯旱民餓羣入野澤掘鳧茈而食之類無足奇者是不復遍録吳志曰孫皓時有蕢音買菜生高四尺厚三分如琵琶形兩邊生葉皓以為平慮草晉安帝紀曰義熙二年有苦蕢菜生揚州中興書曰草妖也是後歲歲征伐民人稍苦苦蕢者買苦也國初建達國獻佛土菜一莖五葉花赤中心正黄而蘂紫色泥婆羅國獻稜類紅藍實似蒺蔾火熟之能益食味又醋菜狀似慎火葉濶而長味如美酢絶宜人味極美

斑皮竹笋

湘源縣十二月食斑皮竹笋滋味与北中七八月笋牙小類但甘脆過之諸笋無以及之吳錄云馬援至荔浦見冬笋名曰苞笋其味美于春夏笋也即雞脛竹笋博物志曰斑皮竹洞庭之山堯帝之二女以涕揮竹竹盡斑也爾雅曰笋竹之萌說文曰笋竹胎詩義疏笋皆四月生也邑竹笋八月生篃音媚竹笋冬夏生永嘉記含隨竹笋六月生篃竹譜棘竹落人鬚髮愚按山海經竹生花其年便枯六十年一易根必結实而枯死实落土復生六年還成町也竹譜曰竹不剛不柔非艸非木篃必六十復亦六年是也凡種竹正二月斸取西南根東北角種之

竹性向西南引也齊人要術曰諺云東家種竹西家治地故南中有以竹爲錯子者錯子即篦簩竹皮爲之錯指甲利勝于鐵機巧李衙推昉云如小鈍復以漿水洗之如初刀子竹裴淵廣州記云石林竹勁利削爲刀切截象皮如截茅也公路襄州穀城縣木香村有莊咸通初忽生異竹苐一年九竿苐二年生七竿爾來歲歲有也作深梔黄色每節及枝上並抹綠解鐙其笋甚美按顧凱之譜中亦無説處異苑曰東陽留道德元嘉四年筋竹林忽生連理野人無知謂爲禍祟伐煞之公路乾符初經過夏口時有人獻合歡笋於葦公尚書著自一

本分為兩岐長二赤餘乃筭之瑞也公命公路為七字句歌之詞繁不載愚傳聞貞元五年秋番禺有海户犯塩禁者避罪于羅浮山深入至第十三嶺（山有十五嶺四百三十二峯九百八十三飛泉洞府也）遇巨竹百千万竿連亘岩谷竹圍二十一尺有三十九節節長二丈即由梧類也海户困破之為篾會罷吏捕逐遂挈而歸時有軍人獲一篾以為奇者後獻於刺史李復復命陸子羽圖而記之亦資耳目之事一也舊記云李公顧謂門生廣州桑苧翁曰夫視聽之外經籍未録不合有而有者不知其極況茲竹載在圖記不足奇也漢太尉許慎説文有長節竹謂之筶（音鍾一本作籦）得

非羅浮山龍鍾之義耶桑苧翁前席而言曰頃天宝末有韋長史虛舟寓于廬山瀑布泉時夏月多雨見瀑布之中流出一桃葉濶五寸長一尺二寸至德初徐正學凝於海鹽縣白塔山沙渚之上得一桃核片可貯一升則知艸木在山海之間有詭形殊狀者多矣又若洪明槇火在中原為蘇蔾葵莧之屬若生嶺嶠南山間無非高樹巖有千歲者徑二尺圍与彼不異

北户録卷第二

北户録卷第三

萬年縣尉段　公路　纂

登仕郎前守京兆府參軍崔龜圖注

無核荔枝

南方果之美者有欐支（衛洪七閩曰蒲桃龍目椰子荔支作此字）梧州火山者夏初先熟而味小劣其高潘州者最佳五六月方熟有無核類雞卵大者其肪瑩白不減水精性熱液甘乃奇實也又有皺荔枝作青黄色亦絶美南越志荔枝洲有焦核黄皺者為優故廣州記曰荔枝如雞卵大殼朱肉白五六月熟核若雞舌香陳藏器曰荔枝樹如冬青実如

雞子核黄異似熟蓮子实白如肪甘而多汁百鳥食之為肥極冝人廣志云焦核胡椙此最美次有鼈卵焉其樹自合抱至數圍大者材中梁棟其堅即估陁等木無以加也類中荔枝纔盡龍眼子方熟大如彈丸皮褐肉白而味過甜俗呼為荔枝奴非虛語耳修文殿御覽云龍眼子一名龍目左思蜀都賦云旁挺龍目側生荔枝也又西京雜記曰尉陁獻高祖鮫魚欑枝高祖報以蒲桃錦四匹

變柑

新州出變柑有苞大于升者但皮薄如洞庭之橘餘柑之所弗及傳云本自高要移植不數百里形味俱變因

以為名論其美眞所謂厥苞橘柚精者柑見郭璞賛文馬援好事至茘浦見冬笋名苞笋上言禹貢厥苞橘柚疑即此也亦如踰淮為枳乃水土異也愚按呂氏春秋果之美者江浦之橘箕山之東清馬之所有櫨橘焉說文櫨橘柚也又郭璞曰蜀中有給客橙即櫨橘冬夏花実相繼風土記柑有黄者赭者赭亦謂之胡柑今之多引江陵千樹橘為木奴事此漢書云其人與千戸侯等且襄陽記李衡為丹陽太守衡密遣十人於武陵龍陽洲上作宅種柑千樹臨死敕兒曰汝母惡吾治家固窮如是吾州里有千頭木奴不責汝衣食歳上一匹絹亦足用耳呉末衡柑成歳得絹數千匹據此非橘

明矣據雜書如翰林要海御覽賈思協皆列在黃柑門中愚又按諺云木奴千無凶年要術云蓋言果实可以市易五穀此即木奴之號果之都稱者也

山橘子

山橘子冬熟有大如土瓜者次如彈丸者皮薄下氣普寧多之南人以蜜漬和皮而食作虎珀色滋味絶佳豈比漢人之吴合皮啖橘以為笑也其葉煎之和酒飲亦療氣神驗愚憶王壇臨海異物志曰雞橘子如指頭大味甘永寧界中有之又裴淵廣州記羅浮山有橘夏熟实大如李又云羅浮有壺橘十種豈其一歟廣州記又云荔枝壺橘南之二珍

今有枸櫞皮煎椰子煎皆竒味也 異物志枸櫞実似橘皮不香椰子去其外皮及殼有白瓤食之如北中生胡桃味又有白漿如乳人亦食之 異物志曰椰子有如兩眼俗人謂之越王頭南人取為瓢子杓子等器枸櫞子即交州黃淡子橘柚類也

橄欖子

橄欖子八九月熟其大如棗廣志云有大如雞子者南人重其真味一說香口絕勝雞舌香 詩義疏梅亦可含而香口又廣州廣薑亦可香口 亦堪煮飲ゝ之能銷酒 煎法劉去兩頭煨過煮之甚香美 其樹聳拔其柯不喬有野生者高不可梯但刻其根方數寸內少許鹽于中一夕子皆落矣今高凉有銀坑橄欖子 生于銀坑之側相傳是瀉蠱之家昔掘地遇銀于此 細長多味美於諸郡産者其價亦貴于常者數倍矣愚按南越志博羅縣有合成樹樹去地二丈為三衢

(山海經云四衢)東向一衢為木威南向一衢為橄欖西向一衢為玉文(顧微廣州記曰木威高大子如橄欖而堅削去皮以為椌)廣志書此橄欖字南州異物志作此橄榄字陳藏器云其木主解鯢魚毒此木作橄欖着鯢魚皆浮出其相畏如此人中鯢魚肝子毒者必死也

山胡桃

山胡桃皮厚底平狀如檳榔其人如扶容頭味次陰平樂遊胡桃別作杏膏香但不耐停耳廣志云陰平胡桃皮脆急捻之即碎其蝦蟇背見椰世隆謝樂遊胡桃云胡羯奔逃古之先見者也鄭處又云山胡桃無穰實心

磨之可爲印子據說即非南山中胡桃也

白楊梅

楊梅葉如龍眼樹如冬青一名杋（音求）潘州有白色者甜而絶大鄭公虔云越州客山有白熟楊梅無名苑云東興縣有大如雞卵楊梅博物志云地有章名則多楊梅得非悞耶南越志安章縣白蜀里多楊梅求之曰白蜀去章遠矣（吴興記曰故章縣北有石槨山出楊梅常以貢御張華所謂地名章丞生楊梅蓋謂此也）

偏核桃

占卑國出偏核桃形如半月狀波斯人取食之絶香美極下氣力比于中夏桃仁療疾不殊會冣云偏桃仁勃

律國尤多花殷紅色郎中解忠順使安西以蘿蔔揷接之而生桃仁肥大其桃皮不堪食（解忠順郎中使安西以異木枝揷蘿蔔至此皆活）又吐谷渾有桃如一石甕大者貞觀二十一年三月十一日以遠夷各貢方物其草木雜物有異于常者詔所司詳録焉葉護獻馬乳蒲萄一房長二赤子亦稱大其色紫康国又獻金銀桃詔令植于苑囿

紅梅

嶺南之梅小於江左居人採之雜以荳蔻花（漏蔻花白色穗尖微紅南方草木狀曰漏蔻樹子大如李實二月花七月熟出興古書此字又劉欣期交州記作實蔻）廣志作豆蔲字也枸櫞子朱槿之類（顔之推云枸櫞子似橘大如飯菰字林音矩櫞又按梁朝上饌糝蒟合子內有椇櫞是也又朱槿四時常

有花可食此蕣木也一名堇一名櫬莊子云朝菌又張華云君子国多菫華之草朝生夕死和鹽曝之梅為槿花所染其色可愛今嶺北呼為紅梅是也又有遜大梅刻鏤瓶罐結帶之類取棹汁漬之棹木葉烹其葉呼為棹汁按梅有紫花梅同心梅麗枝梅品茅絕多亦甚甘脆按鄭公虔云婆弄迦水出烏萇國發地叢生葉大如掌花白而細絕芳香子如升大花披之時人取彫畫花罐承花候其子長滿罐中即破而取之文彩彬煥与畫罐相類便以獻王亦猶中國鏤梅諸國所無也

五色藤筌蹄

瓊州出五色藤合子書囊之類花多織走獸飛禽細于錦綺亦藤工之妙手也次盧亭盧亭即盧循之苗裔也紉白藤為茶

器新州作五色藤筌臺皆時之精絶昔梁劉孝儀謝太子五色藤筌蹄一枚云炎州采藤麗窮綺縟得非筌臺与筌蹄語訛歟按侯景篡位着白紗帽而尚青袍或牙梳插髻牀上常設胡牀大業記帝九月自北塞還東都賜文武官各有差改胡牀為交牀改胡瓜為白露黄瓜改茄子為崑崙紫瓜也及筌蹄令海豐歲貢五色藤鏡匣一筌蹄一是也又本行經云河龍女名屋連荼耶上太子寶筌提太子坐之食乳糜已擲鉢河中天帝取歸忉利供養以立鉢節佛經又云太子第七日據筌蹄坐受与耶輸陁指印環云云

香皮紙

羅州多棧香樹身如杞柳其華繁白其葉似橘皮堪擣

爲紙土人號爲香皮紙作灰白色文如魚子牋今羅辨州皆用之三輔故事云衛太子以紙蔽鼻前漢已有之非蔡倫造也此蓋言其著不云創也又和熹鄧后貢獻悉斷歲時但供紙筆而已然則其用久矣但不知何物爲之按王隱晉書曰王隱荅華恒云魏太和六年河間張揖士古今字詁其中卸云紙今紙也古之素帛依書長短隨事截絹故數重沓卽明幡紙字從糸此形声貧者無之故温舒截蒲寫書也和帝元興元年中常侍蔡倫剉擣故布經抄作紙字以巾義是其声雖同系巾則殊不得言古紙爲今紙又山謙之丹陽記曰平準署有紙官造紙古以縑素爲書記又以竹爲簡牘其貧諸生或用蒲爲牒也瑶山五彩亦具小不及桑根竹膜紙睢州出之松皮紙日本国出側理紙也側理陟釐也後人訛呼陟釐爲側釐卽苔也事見張華又尓雅曰苔石衣也郭璞注水生苔也一名石髮江東食之又瑶山五彩載障道衡詠苔紙詩云昔時應春色引渌泛清流今來承玉管布字轉銀鈎又嘗讀謝康樂山居賦云剥芨音及巖樹言芨皮可爲紙未詳其木也又扶桑国在中国之東二万里其土多扶桑木故以爲名扶桑葉似桐初生如笋国人食之實如梨而赤績其皮爲布以爲衣亦以皮爲紙齊永元二年其国有沙門慧深來至荆州者其香卽會最云沉香青木雞骨馬蹄棧香黃

熟香同是一樹如一木五香根沉檀節沉子雞舌葉藿膠薰陸也（金樓子云衆香共是一樹又俞益期牋曰衆香共一木）又真誥經云屡燒香左右令人魄正故隱居云沉香薰陸夏月常燒此二物潔簡文時扶南傳有沉香一婆羅丁云婆羅丁五百六十斤也綮浴佛功德經云牛頭旃檀芎藭鬱金龍腦沉麝丁等以為湯置淨器中次第浴之及旃檀云王有疾醫須旃檀汁旃檀枝葉根莖除一切疾（本草云白檀消風熱腫）又無名詩集武舍人中行云胡從何等來氍毹毾毲五木香（證俗音云毦數毛席也書此字又通俗云織毛褥也魏畧云大秦国以野蠶織成青黄白黒緑紫絳緋金黄縹留樹十種氍毹又通俗云白氍毹細者謂之毾毲又書云毾毲施大床之前小榻之上也又異苑云沙門支法存有八赤沉香具又有八赤氍毹百種形象）迷迭（迷迭香大秦出魏文帝曰余樹迷迭于中庭嘉其揚條吐秀馥有香

芳又陳琳賦曰方馨穢之阿那鋪綠葉之蜿蜒艾蒳艾納出驃国此香燒之斂香氣能令不散直上似細艾也及都梁都梁香荆州記都梁縣有小山山上清水淺中生蘭州俗謂之都梁即以縣名焉唯交州異物志曰蜜香欲取先斷其根經年外其皮爛中心及節堅黑者置水中則沉是謂沉香次有置水中不沉与水面平者名棧香其最小麤者名曰𪐴香佛經所謂沉水者也又南越志謂之香木出日南也

枹木屧

枹木產水中葉細如檜其身堅類于柏唯根軟不勝刀鋸今潮州新州多刳之為屧或油畫或金漆其輕不讓草屧齊人要術曰青白桐材者並堪師長者皆著木屐婦女始嫁漆畫爲屐施五采爲系也又按梁武小說介子推逃祿隱迹抱樹燒之文公拊木

（衰嗟裁而製衣裓每懷割股之功輙俯視其裓曰悲乎足下足下之稱將此起乎）按翔法師書云櫲一名水松生水中無枝形如笋亦曰松枹今為艓是也又陳周弘正謝賚漆松枹艓云蒙此慈賜便得輕舉

紅藤簟

瓊州出紅簟一呼為笙或謂之籧篨亦謂之行唐（方言曰簟宋魏之間謂之笙或謂之籧𥳔自關而西謂之簟其粗者謂之籧篨行唐似籧篨直文而粗自關而東周洛楚魏之間謂之倚佯佯音陽也南越志云桃枝南人以為笙郭景純曰簟以寧寢杖以扶危又簡文集有謝桃枝笙竹席箋沈約彈歘令仲文秀橫訂史黃法先輸六赤笙四十領）其色殷紅瑩而不垢或云藤所製編織精華又不如溪鶒紅席（海中溪鶒山去餘姚岸千餘里上有女符道士四五百人李道梁時遣使獻紅席此州紅鳥居其下故以為名耳）竿散臥簟（簡文謝云筠篁多品篠簜雜名）椰子坐席（亦有臥席具具王筠集又沈約謝賜大甲坐臥簟竹帖）蒲褥筍席（王儉贈宗測見南史）花

紈臥簟月支毛席陸倕集具流黃簟象牙席西京雜記會稽供御竹簟世号為流黃簟神仙傳淮南王為八公設象牙席以為優劣歟

方竹杖

澄州產方竹體如削成勁健堪為杖亦不讓張騫筇竹杖也其融州亦出大者數丈正聲集云南方有方竹杖白蟬噪其工陳貞節嘗咏之又海晏地名出蘆堪為柱杖高潘州出千歲蕨柱杖小類貝多更有疎節竹五六赤一節僧道多以為杖皆奇物又按會最云溱川通竹直上無節空心也

山花燕支

山花叢生端州山崦間多有之其葉類藍其花似蓼抽穗長二三寸作青白色正月間土人採含苞者賣之用為燕支粉或持染絹帛其紅不下藍花作燕支法採花于鉢中細研着少水以生綃捩取汁于通油瓷瓶中文武火煎之使花浮上旋掠取入絹囊中瀝乾用如常燕支法云云博物志有作黃藍烟支法通典云今漢中歲貢紅花百斤燕支一升習鑿齒与謝侍中書云此中紅藍足下先知之否北方人采取其花染緋黃挼其上英鮮者作烟支婦人粧時用作頰色作此法大如小豆許而按令遍色殊鮮明可愛吾小時再三過見烟支今日始覩紅藍耳後當為足下致其種匈奴名妻閼氏言可愛如烟支也閼字音烟氏字音支想足下先亦作此讀漢書也西河舊事歌曰失我祁連山使我六畜不蕃息失我燕支山使

我婦女無顏色又鄭公虔云石榴花堪作燕支代國長公主睿宗女也少嘗作燕支棄子于階後乃叢生成樹花實數芬既而歎曰人生能幾我昔初笄嘗為烟支棄其子今成樹陰映瑣闥人豈不老乎鄭公虔云淦抹花有五色黄碧青白紅如杏花漢東都尉于吉献一株花雜五色云是仙人杏今嶺中安石榴花实相間四時不絶亦有緋者古今注云燕支葉似薊花似蒲云出西方土人以染名為燕支中國人亦謂紅藍以染粉為婦人面色謂之烟支粉博物志云張騫使西域還得大蒜安石榴胡桃蒲桃沙葱苜蓿胡荽黄藍可作燕支也紅花亦出波斯踈勒河禄國今梁漢散上每歲貢二万斤于織染署

鶴子艸

鶴子艸蔓艸也其花麴塵色淺紫蔕葉如柳而小短當

夏開南人云是媚艸甚神可比懷艸夢艸似蒲晝縮入地夜乃出亦名夜草懷之則知夢之吉凶立驗也漢武思李夫人東方朔乃獻一枝帝懷之夜夢夫人因改名之為懷艸也夢芝習鑿齒襄陽耆舊傳曰襄王夢一婦人曰我夏帝之季女也名瑶姬未行而死封于巫山之臺精魄為艸摘而服焉人必与媚　而服焉必與夢其冢在宜城縣採之曝乾以代面靨形如飛鶴狀翅羽觜距無不畢備亦草之奇者艸蒭上春生雙蟲常食其葉土人收于奩粉間飼之如養蠶法蟲老不食而蛻為蝶蝶赤黄色女子佩之如細鳥皮号為媚蝶郭子橫記勒畢国獻細鳥以方赤玉籠盛數頭形大於蠅狀如鸚鵡聲聞數百里之間如黄鵠鳴也國人以此鳥候日晷亦曰候日蟲帝得之旬日飛盡明年有細鳥集于帷帟或入衣袖因名蟬衣宫内嬪御有鳥集其

衣者輙蒙愛幸至武帝末稍、自外人服其皮者多為丈夫所媚余訪花子事如面光着翠月黄星靨其來尚矣面光其無名詩集月黄星靨滅黄發靨皆數然事之相類者見拾遺引孫和悦鄧夫人常置膝上和月下舞水精如意誤傷夫人頰流血染袴和自舐瘡大醫曰獺髓雜玉及琥珀屑當滅痕下賻百金有富春漁人云獺神物也取則逃之伺祭魚時有鬭死穴者枯骨可合香以滅瘢和乃作膏琥珀太多痕未滅而頰有赤點細視之更益其妍諸嬖要寵者以丹青點頰而後進幸又宋武帝壽陽公主人日梅花落額上成五出花後効為梅花妝也又書云以丹注面曰的華天子諸侯有羣妾者以次進御有月事者止御不口說注此于面一說上官昭容自製花子以掩黜之昭容儀之孫名婉兒天后時忤旨當誅惜其才不殺而黜之文云天后每對宰臣令昭容臥于牀裙下記所奏事一日宰相李名忌對事昭容竊窺上覺退朝怒甚取甲刀劄于面上不許拔昭容遽為乞拔刀子詩有集二十卷詩在集中宗收取其詩筆集之令張説為序集賢故事舊宣索書皆進副本無副本者則促工寫進後亦不能守其事如上官昭容舊無副本因宣索便進正本庫中今闕此書也後為花子以掩痕也

越王竹

嚴州產越王竹根于石上狀若荻枝高赤餘土人嘉其色用代酒籌次有沙簕產于海島間狀如蓴菜春吐黃花其心若骨可為籌簕凡欲採者須輕步拔之不爾聞人行聲則縮入沙中乃不可取陳藏器云越王餘筭味

鹹生南海䈎子長赤許異苑云晉安有越王餘䈎菜白者似骨黑者似肉古云越王行海中作籌有餘弃之於水遂生焉臨海水土志曰越王筭如筭大正白長赤餘生海邊沙中見便取之即可得心中存求取則入土中洪遠懷云東海中筯洲洲上故筯無極連船取之不盡世中好失筯言天下筯悉歸于此乃駑耳之説也

無名花

廣州之南數百里有蔓草生焉其草吐一葉白花片大如掌亦有小片者鬱綠色初夏開玩之初誤殘時恬然特異遍問土人莫有知者惟昔草堂樓法師山居時法師慧約字德素梁国号也有一野嫗手持一樹植之于庭云是蜻蜓樹也所植樹歲久芬芳鬱

（茂有一鳥身赤尾長棲息其上）聘北道里記云木龍寺寺有三層磚塔側生一大樹縈繞至塔頂枝榦交横上平容十餘人坐樹杪四向下垂團團如柏子帳經過莫有辨者梁武帝曾遣人圖寫樹形還都大體屈盤似龍因呼為木龍寺又謝惠連目奇草曰仙人草序云余之中園有仙人草焉春頴其苗夏秀其英秋有貞實冬無凋色可謂四時而不改者也既嘉其名而美其質染筆作詠庶以攄述（大業記又説仙人莧如長樂高三赤冊葉碧花花似雞幘而大者闊五六寸）又梁伍安貧武陵記云巴陵郡西有寺寺房廊林下忽有樹生衆僧移屋避之晚更滋茂莫有認者外國沙門云是波羅蜜（櫛）常着花細白永嘉

四年忽生一花狀似芙蓉推其靈景未能量也（又金樓子云孔子冢中樹在魯城百數皆異種也）然小説云簡文初不別稻余今不分此亦何愧哉

指甲花

指甲花細白色絶芳香今蕃人重之但未詳其名也又耶悉彌花白茉莉花（紅者不香）皆波斯移植中夏如毗尸沙金錢花也本出外國大同二年始來中土今番禺士女多以彩縷貫花賣之愚詳末利乃五印度華名佛書多載之貫花亦佛事也又扶南傳曰頓遜國有區撥花葉逆花致祭花各遂花摩夷花燥而合香末以為粉以粉

身體唐初罽賓國獻供佛頭花丹白相間香氣遠聞伽失畢國獻沼樓鉢羅花如荷葉鉄圓其花色碧紫黄香聞數千步皆中國無者

相思子蔓

相思子有蔓生者（本艸拾遺云相思子樹高大有文字赤黑間者佳又羅浮山記增城縣南回溪之側多相思樹号相思亭送行之所贈也）其子切紅葉如合歡依籬障而生（合歡博物志云蠲忿古今注云嵇康種之舍前一名合昏亦名成樹）与龍腦相宜能令香不耗南人云有刀瘡者血不止痛甚者取其葉熟擣厚傅之即愈手宜搜神記云大夫韓憑妻美宋康王奪之憑怨王因之憑自殺妻乃陰腐其衣王与之登臺自投臺下左右攬衣衣不中手遺

書于帶頥以屍骨賜韓氏而合葬王怒弗聽埋之令冢相望宿昔有文梓木生二冢之端根交于下枝錯其上文有鴛鴦雌雄各一恒在樹上宋王哀之因為號其木曰相思樹注見本文

睡蓮一本云瑞字

睡蓮葉如荇而大沉於水面上有異浮根菱耳其花布葉數重不房而繁凡五種色當夏晝開夜縮入水底晝而復出於水面也每夢艸晝縮入地遇夜即復出一何背艸夢艸似蒲色紅東方朔獻武帝者孫容穆思容嘗遺水仙花數本如摘之於水器中經年不萎也

北戸録卷第三

中國絲綢西傳史

中國絲絹西傳史

姚寶猷 著

民國三十三年商務印書館排印本

中國絲綢西傳史

第一章　古代絲之產地及其用途

吾國爲絲綢原產地，先秦時代，絲綢卽已西傳。古代產絲區域，據禹貢、職方、史記貨殖傳、漢書地理志諸書所紀，計有兗州（古衞國地）、靑州（古齊國地）、冀州（古晉燕二國地）、徐州（古魯國地）、豫州（古周地）等地。易以今地，則山東、河南、河北、山西、安徽、陝西、江蘇諸省，在昔均爲產絲區域。就中兗靑二州卽今山東尙爲歷史上著名產絲之地。禹貢紀九州貢賦，獨於兗州言：「桑土旣蠶，厥貢漆絲，厥篚織文。」於靑州言：「厥貢鹽絺，厥篚檿絲。」史記貨殖傳稱：「齊帶山海，膏壤千里，宜桑麻，人民多文綵布帛魚鹽。而鄒魯濱洙泗，頗有桑麻之業。」漢書地理志言：齊人「其俗彌侈，織作冰紈綺繡純麗之物，號爲冠帶衣履天下。」而西漢三服官（春獻冠幘縰爲首服，紈素爲冬服，輕綃爲夏服。）主作天子之服，亦置齊地，「作工各數千人，一歲費數鉅萬。」（註一）及至東漢，三服官仍設於齊，主製御服，技巧更精；（註二）則其產絲之盛，概可知矣。

中土桑蠶之業，由來尙矣；然究始於何時？則以文獻不足徵，殊未易言，舊籍所紀，或謂伏羲化蠶桑爲繐帛；（註三）或謂神農教民桑麻，以爲布帛；（註四）或謂黃帝元妃西陵氏始教民蠶桑，治絲繭以供衣服，而天下無皴瘃之患。（註五）諸說紛紛，未盡可據；惟此業起源極古，則可斷言。民國十五年李濟博士在山西夏縣西陰邨掘得新石器時代之蠶繭半個及石器骨器陶器頗多。石器中有石紡輪，陶器中有陶紡輪。此半個蠶繭曾經顯微鏡檢驗，確非別物。吾人姑不論此繭爲野蠶之繭，抑爲育蠶之繭；且與石陶二紡輪究有無聯帶關係；然已可證吾國在先史時代，已有絲蠶之端倪矣。降及殷商，育蠶種桑以至治絲織絹，殆已成專業。此則證之最近殷墟所獲甲骨文，不僅有絲桑等字，且有蠶字而可知也。（又董作賓謂甲骨文「蠶」字從桑，與蠶桑有關。則吾國制曆定時，蓋亦淵源於蠶桑矣。）

吾國自昔以農立國，農桑之業，爲衣食之源，故歷代帝后莫不躬耕親蠶，屈身以化其下。徵之史乘，歷歷可考。禮記祭統云：「天子親耕於南郊，以供粢盛，王后蠶於北郊，以供純服。諸侯耕於東郊，亦以供粢盛，夫人蠶於西郊，以供冕服。天子諸侯，非莫耕也；王后夫人，非莫蠶也。身致其誠信，誠信之謂盡，盡之謂敬，敬盡然後可以事神明，此祭之道也。」祭義云：「古者天子諸侯必有公桑蠶室，近川而爲之，築宮仞有三尺，棘牆而外閉之。及大昕之朝，君皮弁素積，卜三宮之夫人，世婦之吉者，使入蠶於蠶室，奉種浴于川，桑于公桑，風戾以食之，歲既單矣，世婦卒蠶，奉繭以示于君，遂獻繭于夫人。」周禮天官冢宰云：「典絲，掌絲入而辨其物，以其賈揭之，掌其藏與其出，以待興功之時，頒絲于外內功，皆以物授之。凡上之賜與亦如之。及獻功則受良功而藏之，辨其物而書數，以待有司之政令。上之賜予，凡祭祀，共黼畫組就之物；喪紀，共其絲纊組文之物；凡飾邦器者，受文織絲組焉。歲終，則各以其物會之。」又地官司徒云：「閭師，掌國中及四郊之人民，六畜之數，以任其力，以待其政令，以時徵其賦。……凡庶民不畜者祭無牲，不耕者祭無盛，不樹者無椁，不蠶者不帛，不績者不衰。」據此，則諸侯夫人亦莫不以躬耕親蠶示郊國之要務，政府特設公桑蠶室，並置典絲之官；而對於衆庶且勸勵其從事蠶桑，其重視可知已。

絲之為用甚廣，約而言之，可得三類：一曰用作衣服材料。禮記禮運云：「昔者先王未有麻絲，衣其羽皮，後聖有作，然後治其麻絲，以為布帛。」是麻絲實為初民衣服之重要材料。考古代絲製衣料，有絹、縑、綺、縞、縠、綃、綈、紬、絓、綿等種，尤以絹、縑、綺、綈為普遍。絹以未湅之絲（絲既紡而熟之曰湅）織成，或謂之紈，或曰之素。顏師古注漢書地理志「織作冰紈綺繡」云：「紈，素也。」又元帝紀齊三服官下注云：「紈素，今之絹也。」此紈素互名，及絹為紈素之證。縑乃絹之特以精緻者，亦謂之織。說文云：「縑，并絲繒也。」古樂府上山採蘼蕪：「新人工織縑，故人工織素，織縑日一匹，織素五丈餘，將縑持比素，新人不如舊。」蓋縑較絹為密緻，織造不易故也。其以純一之色絲織成文繒者謂之綺，即今所謂綾。顏師古注漢書地理志：「綺，文繒也，即今所謂細綾也。」戴侗六書故：「織素為文曰綺，織采為文曰錦。」是其證也。綺之厚者謂之綈。管子立政篇：「刑餘戮民，不敢服綈。」按綈郎今之緞。唐以前稱緞爲統，唐以後則稱緞爲段。如唐六典：「羅錦綾段」。唐書地理志：「彭州貢段羅交梭」。宋史輿服志：「禁錦背繡背遍地密花采段」。至明史食貨志，始作緞。段緞二字，蓋即古代統字之變音也。二曰用作書寫材料。在蔡倫未發明用樹膚、麻頭、敝布、魚網造紙之前（A. D. 105），書契多編以竹簡，其次用縑帛。史記封禪書：「乃爲帛書以飯牛」。淮南子本經訓：「著於竹帛，鏤於金石。」漢書東方朔傳：「著於竹帛」。蘇建傳：「今足下（指蘇武）還歸，揚名於匈奴，功顯於漢室，雖古竹帛所載，丹青所畫，何以過於卿？……常惠教漢使者謂單于言天子射上林中，得雁足有絲帛書，言武等在某澤中。」後漢書鄧禹傳：「但願公（指光武帝）威德加於海內，禹得效其尺寸，垂功名於竹帛耳。」又蔡倫傳：「自古書契多編以竹簡，其用縑帛者，謂之爲紙。」此皆古代絲絹用作紙料之證。三曰用以編訂書契。古代編訂書契之物，大抵有二：一曰韋，史記孔子世家所謂讀易，韋編三絕者是也。二曰絲，晉荀勗序穆天子傳云：「古文穆天子傳者，太康二年（A. D. 281）汲縣民不準盜發古冢所得書也，皆竹簡素絲編。」（陳逢衡竹書紀年集證節引）又南齊書卷二十一文惠太子傳：時（A. D. 465—471）襄陽有盜發古塚者，相傳是楚王塚，大獲寶物，玉履（屐？），玉屏風，竹簡書，青絲編，簡廣數分，長二尺，皮節如新。」（又見南史卷二十二王僧虔傳）是古昔以絲編訂書契之事，蓋不鮮也。（此外蠶絲又用以製作樂器，古樂字，書如槑，羅振玉謂槑從絲，附木上，琴瑟之象也，或增日以象調絃之器。

（註一）前漢書卷七二，禹貢傳。

（註二）後漢書卷三，章帝紀：「建初二年（A. D. 77）四月癸巳詔齊相省冰紈方空縠吹綸絮。」章懷太子註云：「前書（指漢書）齊有三服官，故詔齊相省之。」

（註三）羅泌路史；路史後紀卷一，禪通紀，太昊紀上。

（註四）路史後紀卷一，禪通紀，炎帝紀上。

（註五）胡宏皇王大紀；通鑑外紀卷一之上。按路史及通鑑外紀所紀古代事蹟，多非信實，此處所引，聊以見舊籍對於蠶絲始業之觀點，非謂其言可據也。

第二章　古代東西交通之路線及絲絹之西傳

吾人論述初期東西之交通，勢必觸及漢族之起源。漢族究為土著抑來自西方？其解答尚有待於考古學人類學以及地質學之進步，今不具論。惟至少在新石器時代，即距今三千年或三千五百年以前，吾先民已繁殖於黃河流域，且具有獨自創造之文化，則徵之最近華北各地新石器時代遺物之發現而可知。在此時期中，東西兩方之文化，已有某種程度之交流。（註一）換言之，歐亞兩大陸之間，自石器時代即已有某種程度之交通，特非如後世之顯著與頻繁而已。迨紀元前六世紀以後，東西交通之機運，日益成熟。蓋在西方，始則波斯阿克姆尼雅王朝(Acaemenia) 勃興，達留斯王 (Darius) 東征西討，建立地跨亞非二洲之波斯帝國，伊蘭文化，東傳葱嶺。繼則馬基頓 (Macedonia) 王亞歷山大 (Alexander, B. C. 356—323) 大舉東征，滅波斯而建立希臘民族之大帝國，希臘文化，東達中亞；而吾國則秦起西陲，滅六國而統一中夏，勢力亦及於今日甘肅之西。東西兩大帝國，中隔流沙，遙遙相對。遂以住在東土耳其斯坦（今新疆）之印度日耳曼系諸民族為媒介，彼此發生經濟上之交通。自漢武帝遣張騫開通西域，李廣利遠征大宛之後，陸路交通，益見進展。同時，海上交通，亦隨而發達焉。（註二）

先秦兩漢時代東西陸上交通之路線，大抵可分為三段：

第一段，由長安出西域。此段有南北二道：南道由陽關經鹽澤（羅布泊）之南，至鄯善，傍南山北波河西行經且末、精絕、于闐、皮山、西夜、子合、而至莎車。北道由陽關越流沙，至車師前王庭（吐魯番），隨北山波河西行，經焉耆、渠犂、烏壘、龜茲、溫宿而至疏勒。

第二段，由西域出中亞。第一段南北二道，越葱嶺而西，各有大道二。南道方面：（一）為自于闐西行至皮山，折而西南至烏秅，經縣度而及罽賓(Kasmira)。（二）為自于闐西行至莎車，經蒲犂、依耐、無雷、而至大月氏。北道方面：（一）為自溫宿、姑墨、越天山，出闐池之西，繞葱嶺之北，而至郅支、康居（即今 Samarkand），此道為漢元帝建昭三年 (B. C. 37) 陳湯征康居郅支城時進軍之路。（二）為自疏勒越鐵列克 (Taldik) 山道，西至大宛、康居、安息。漢武帝元光六年 (B. C. 129)，張騫使月氏時，即取此道。又太初三年 (A. D. 102) 李廣利之征大宛，殆亦由此路進軍。（註三）

第三段，由中亞至大秦。此段亦有南北二大道：南道自大夏 (Bactria 即今 Balkh) 至安息（Parthia，以其王家名 Arsak，故稱為安息）之木鹿（Mulu, or Mouru，即今 Merv 按木鹿城之名，亦見新唐書卷二二一，大食傳；元史作馬魯或馬里兀），經和櫝 (Ho-tu，即安息舊都 Hecatompylus, or Hekatompylos 之漢譯，在今波斯北部，裏海東南隅 Damghan 附近），阿蠻國(Aman，即 Acbatana 之漢譯，在今 Hamadan 地方），而至斯賓國(Seleucia-Ctesiphon. Seleucie 在 Tigris 河西岸，Ctesiphon 在河之東岸，兩城相對，Ctesiphon 為安息國都，在今 Baghdad 之南）。從此更分南北二道入大秦：南道、從斯賓南行渡 Tigris 河，又西南行經于羅國（Hira，舊巴比侖，在 Euphrates 河西岸），出波斯灣，至亞丁，而入羅馬屬領之埃及與敘利亞諸地。北道，從斯賓西北行，沿亞歷山大公路（Routes of Alexandor），經 Zeugma（在今英屬敘利亞 Meskenne 附近。是時，安息與羅馬以 Mesopotamia 爲界，Euphrates 河東爲安息，河西爲羅馬。Zeugma 在河之西岸，爲羅馬帝國東疆要地，安息與羅馬貿易，因分駐於此。由安息至大秦的商隊，及從巴比倫運載波斯灣貨物之商隊，皆會於此地），西至安谷城（Antioch，魏略大秦傳作安都城。後漢書和帝紀即魏略西戎傳之賢督。其地即今法屬敘利亞西北之 Antakia，在昔爲敘利亞之都城，亦爲大秦之商港），由此地之 Apamea 港口航行至羅馬本國。（注四）北道、在我國典籍上無可考，惟希臘史學家希羅多德（Herodotos, or Herodotus, B. C. 484—425）所著史記（History）中，紀述紀元前七世紀頃（春秋前半期），希臘人既知由彼黑海沿岸（Pontus Euxinus）即今黑海東北隅，頓河（Don River）河口附近，東北行，越烏拉山（Ural），渡鄂畢河（Ob R.）支流 Irtish 河流域，而至天山阿爾泰山兩山間之間的「東方商路」。不過，此道在紀元前後（西漢末），殆已荒廢，東西商賈，羣趨南道交通上。（注五）

海上交通之路線，據漢書地理志粵地條云：「自日南障塞徐聞合浦，船行可五月，有都元國。又船行可四月，有邑盧沒國。船行可二十餘日，有諶離國。步行可十餘日，有夫甘都盧國，自夫甘都盧國船行可二月餘，有黃支國，民俗略與珠崖相類。其州廣大，戶口多，多異物。自武帝(B. C. 140—B. C. 87)以來，皆獻見。……自黃支船行可八月到皮宗，船行可二月，到日南象林界云。黃支之南有已程不國，漢之譯使自此還矣。」文中所舉諸國，爲當年中外商賈使臣所歷之地，亦即當時海外交通之路線，惟諸國果爲今日何地？日儒藤田豐八（1869—1929），法儒費瑯(Gabriel Ferrand)，拉可伯里(Albert Terrien de Lacoupérie, 1845—1894)，德儒亞可比(Hermann Jacobi, 1850—)，美儒洛佛爾（Berthold Laufer, 1874—1934），洛克喜爾(William Woodville Rochkill, 1854—1914)，及張星烺氏對此曾加考證，而持論未能一致。都元國，藤田謂即通典卷一八八之都昆或都軍國，在今蘇門答臘。邑盧沒國，或謂即新唐書南蠻傳盤盤國東南之拘蔞密，在今緬甸沿岸（藤田）；或以此爲科斯麻士(Cosmas)世界基督教諸國風土記(Topographia Christiana Universal)中之Salopatana，乃喃囉拔沿岸商埠之一（張星烺）。諶離國，或以爲即唐賈耽入四夷道里之驃國悉利城，在今緬甸（藤田）；或當今印度西南海岸之Shaliyat港（張星烺）。夫甘都盧國，即今緬甸之蒲甘古城(Pugan, or Pagan)，在今Irrawaddy河左岸（藤田、費瑯）。黃支國，或謂在非洲東北之阿比西尼亞國(Abyssinia)（亞可比）；或謂在馬來半島（洛佛爾）；或謂即大唐西域記卷十之達羅毗荼國(Dravida)，都城建志補羅(Kanchipara)，宋高僧傳及貞元新訂釋教目錄之建支，亦即今印度南部之Conjervaram地方（藤田、費瑯、張星烺）。皮宗，或以當馬來半島沿岸之 Pisang 島（藤田、洛克希爾、費瑯）；或以當印度斯河(Indus R.)（張星烺）。已程不國，或謂即今印度南部之 Kitur 地方（藤田）；或以此為希臘語 Ethiopia 之譯音，即今之非洲是（張星烺）。諸說雖未盡相符；然皮宗之為今 Pisang，黃支即建志，則已成定論矣。（註六）

西漢以還，南海方面與吾國交通之國家，重要者計有葉調、撣（後漢書卷一一六南蠻傳，卷六順帝紀），狼牙脩（梁書卷五四，海南諸國傳、狼牙脩條），獅子（法顯佛國記），耶婆提（即闍婆，佛國記、宋書卷五本紀），及天竺（後漢書卷一一八西域天竺傳）諸國。各國方位，諸家持說，亦不盡同。大抵葉調為古爪哇語 Yavadvipa 之譯音，其地在今爪哇；撣國在今上緬甸；狼牙脩為 Nagarakretagama 之 Lengkasupa 之對音，在今馬來半島，Funpin（Pandan）之南，即今 Patani 之古名；耶婆提為古之 Java Dvipa 之音譯，與葉調同為一地，即今爪哇；獅子國為錫蘭古名 Sinhaladvipa 之義譯；天竺即今印度，殆無疑義也。（註七）

以上所述，為漢籍中所載六世紀以前，由中國至印度之路線。至由印度到歐洲之航路路線，在漢籍中無可考證。吾人今日所以考知當時印歐間之航路者，惟賴羅馬博物學家[illegible]（Gains Pliny the Elder）所著之博物志（Naturat History），[illegible]地理學家科斯麻士（Cosmas of Alexandria，希臘文 Kosmas，號為 Indicopleustes，[illegible]

[illegible]人，後歸 Alexandria，入寺[illegible]。）所著世界基督教諸國風土記（書成於 A. D. 5[illegible]—550 年頃），及埃及之希臘人某（姓名失傳）所著愛利脫利亞海周航記 Periplus of the Erythraean Sea，書成於 A. D. 80—89 年間，並[illegible]航[illegible]、波斯灣、及阿剌伯半島東西兩岸）三數書作而已。普林尼博物志紀[illegible] (Claudis，在位 A. D. 41—54）時，羅馬人 Annius Plocamus 嘗由紅海航行，繞阿拉伯半島，經 Carmania 抵 Hippuri 港。Carmania，在今何地，未可考。Hippuri，據 Tennent [illegible]謂即今錫蘭西北之 Kudra-mali 地方，與 Manaar 之珍珠海岸相近。（註八）科斯麻士世界基督教諸國風土記紀其自己曾航行羅馬灣（即地中海）、阿拉伯灣（即紅海）、及波斯灣，[illegible]航行印度洋者，必經 Barbary（在今非洲東北角之索馬利蘭 Somaliland），始至 Zinj（即 Zanzibar, or Zangebar，在今英屬東非洲 Tanganyika 之東）。由 Zinj 航至 Taprobane（今錫蘭島），更由此而至 Tzinitza。Beazley 氏謂 Tzinitza 地方，乃指交趾支那而言，然[illegible]是[illegible]即今新嘉坡。（註九）愛利脫利亞海周航記紀印歐海上交通要港，謂紅海方面有 Muza（即今 Mocha），紅海入口處有 Ocelis、亞丁之東有卡那 Cana（今之 Hisn Ghorab），更東有摩斯卡（Moscha，今之 Khor Reiri）。在印度斯河（Indus）口西岸巴巴利宼（Barbarikon），巴巴利宼東南有巴利格柴（Barygaza，在今 Narbada 河口），印度人與歐洲人之通商，皆循此等港口航行云。（註一〇）諸書所紀，雖語焉不詳，要可考見當年印歐海上交通路線之梗概焉。

第二章　古代東西交通之路線及絲綢之西傳　一一

上述古代東西海陸交通之路線既竟，玆進而論述絲絹之西傳。吾國絲絹西傳，其必經由前述海陸兩方路線而去，自無疑義。然則，絲絹西傳，果先由陸路乎？抑先由海路乎？又其西傳，果始於何時乎？

關於前者，吾人雖無直接之紀載，可資論證；然觀於歐人對於吾國之稱呼，先有由陸路方面傳去之賽里斯（Seres），後有由海路方面傳去之新那（Sinai）。賽里斯一名之產生，源於絲之優美；而新那一名之產生，則由於秦之強大（詳見下節），可知絲絹西傳，固先遵陸而後循海也。至於陸上西傳之路線，雖有南北兩道，惟漢代絲絹實以循南道西輸爲主要。易詞言之，卽由今新疆南路，西踰葱嶺，經費干那（Fanghand），以至西波斯，更由此西經地中海東岸Antakia（Antioch）地方而入歐洲是也。

關於後者，吾人雖亦苦無可靠之根據，可作一肯定之解答；惟東西交通既起源極古，則絲絹西傳，當亦甚久遠。凡一民族與某一民族之交通往來，必源於經濟上之需要；換言之，卽起於商品之交換。考古籍所紀，絲絹爲吾國特有之重要的商品，凡賞賜外國君王使節以及對外輸出，均以絲絹或其製成品（如綢緞）爲主要。（註一一）而吾國古代君民所渴望而貴重視之者，則以西方所產之玉爲第一，蓋以玉爲祥瑞之寶，天地之精，可以比德於君子也。（註一二）玉之產地，自昔以西域爲最著。淮南子地形訓言：「西方之美者，有崑崙之球琳琅玕焉。」（爾雅所紀與此略同）史記卷一二三大宛傳紀于寘「多玉石」。漢書卷九六西域傳載于闐國、鄯善國、莎車國、子合國，均產玉石。晉高居誨使于闐記言于闐河可分爲三：東曰白玉河，西爲綠玉河，又西爲烏玉河。西藏語，于闐之于，爲玉之義，闐爲城之義，于闐之義爲玉城。又土耳其語稱葱嶺東側及崑崙山脈爲 Casia (Caspia)，蓋因其地產玉得名（土耳其語稱玉爲 Kash）。(註一三)是皆古代西域產玉之明證。陝西藍田雖亦產玉（見禹貢、漢書地理志、梁陶弘景名醫別錄諸書）；然其產量甚寡，不足以應需求。(註一四)故先秦兩漢時代，玉石多自西域輸來。此不惟可求證於李斯諫秦王逐客「今陛下致崑山之玉」之言，及甘肅燉煌西北境玉門關命名之由來（玉門關之名，初見於史記大宛傳及漢書西域傳，因西域之玉由此輸入燉煌而得名。又玉門關原在燉煌之東，武帝泰始三年——B. C. 94——始徙於燉煌之西北）；且得證之於最近出土之實物。一九〇九年，英人斯坦因 (A. Stein) 於和闐尼雅 (Niya) 河畔，掘得兩漢及六朝之木簡甚多，吾人從簡中所紀，可知當時僑居其地之漢人，頗有以琅玕（玉）致贈親友之事，(註一五)而玉在當時向吾國內地輸出者，蓋甚多也。夫絲與玉既爲東西兩方之貴重的特產，且爲彼此所重視而欲致之，則利之所在，雖關山遠隔，流沙險阻，亦將羣趨而赴之。東西經濟上之交通，其殆起源於絲玉及其他商品之交換乎？果爾，則吾國絲綢之西傳，至遲亦始於周代矣。

吾國絲綢既西傳於西域矣，吾人根據當年西域與中亞（葱嶺以西各國）之情勢，知絲綢必隨而傳去葱嶺以西諸國，更隨而傳去西亞與東歐。蓋紀元前六世紀至紀元前三世紀，葱嶺以西地方，達留斯王建波斯大帝國於前，亞歷山大王繼建希臘民族的大帝國於後，其勢力均東及於發徵，商賈往復，絡繹於途，東西兩方之經濟的交通，隨之[illegible]故也。

古代絲絹西輸之方式，一爲賞賜，二爲販賣。關於賞賜方面，前已引史記匈奴列傳、漢書匈奴傳、西域傳、後漢書南匈奴傳、晉書苻堅傳、義淨大唐求法高僧傳、及隋書赤土傳所紀，加以論證，茲不再贅（詳見註一一）。至於販賣方面，後漢書西域傳紀漢代西域交通及商業謂：「立屯田於膏腴之野，列郵置於要害之路，馳命走驛，不絕於時月，商胡販客，日款於塞下。」此雖未明言商胡販客所貿遷者爲絲絹；然當日交通及商業，既如是之盛，而絲絹又爲異族所切需之物，則絲絹必爲當日重要商品之一，殆無疑義耳。

古籍中最初紀載絲絹輸出外國者，似爲漢書地理志。地理志於粵地條云：

「粵地處近海，多犀象毒冒珠璣銀銅果布之湊。中國往商賈者，多取富焉。番禺其一都會也。自日南障塞徐聞合浦船行可五月，有都元國。又船行可四月，有邑盧沒國。又船行可二十餘日，有諶離國。步行可十餘日，有夫甘都盧國。自夫甘都盧國船行可二月餘，有黃支國。……自武帝以來皆獻見。有譯長屬黃門，與應募者俱入海市明珠、璧流離、奇石異物，齎黃金雜繒而往，所至國皆稟食爲耦，蠻夷賈船，轉送致之。」

據上錄此節所紀，可知西漢時代（B.C.206—A.D.23）主持國外貿易事務者，爲屬黃門（宦官）之譯長。彼與僱來或招募而來之浮海商人攜帶黃金與絲繒，乘中國船舶前往海外，採購明珠、璧流離、奇石異物而返。彼等曾遠至今緬甸（夫甘都盧國）及印度南部（黃支國）

等地，備受歡迎；而絲綢在輸出品中占最重要之位置，且已隨驛使而輸至印度矣。

吾人於此，更欲從實物方面，推論當日絲綢繪綵輸出西域之情形。一九〇一至一九一六年間，斯坦因在尼雅（Niya）樓蘭及 Han Limes 等地掘得漢代木簡甚多，中有一簡上書：「任城國亢父縑一匹，幅廣二尺四寸，長四丈，重二十五兩，直錢六百一十八。」又在古長城西極某塵埃燧遺址內，掘得許多漢代木簡及殘絹二件，絹上書漢字與婆羅迷文，備記產地以及一匹的大小重量等項，復在古代邊燧遺址中，發見漢代五綵畫絹殘片、殘木版、及上書漢字之小木片，字體異常清楚而古雅，所書為「任城國亢父縑一疋」五字。（註一六）考任城國，章帝元和元年（A. D. 84）所置，亢父乃其屬縣，即今山東濟寧（據嘉慶一統志表，卷六，五八頁），其地現猶產繭綢。簡中及絹上所書匹數、尺寸、重量、價格等項，蓋販賣絲綢商人所自記，以資售賣時之識別者也。又斯氏於一九一四年，在樓蘭漢代古墓中掘得若干錦彩色花絲織物及中國希臘混合風格之毛織品（地毯）多種，圖式顏色，都極美麗。而俄國科斯洛夫探險隊（Koz.ov Expedition）亦於一九二四年，在外蒙古土謝圖汗境內塞楞格河上流，漢代匈奴某古墓中，掘得一完好無缺之緣皮的絲袍及絲綢寬窄袖俱備緣以黑貂之絲袍、絲綿之毛織物衣服、用絲繡邊之厚氈毯、繡花絹以及綴而繡花之織品等物。各種絲織物，多繡動物。波洛甫嘎（Mr. G. J. Borovka）謂此乃塞種西伯利亞系（Scythis Siberian）藝術上之特徵。然其圖案則胥屬希臘風。別有花絹織物一片，純然為中國品。其花樣為連綿不斷起螺旋形之對稱式卷雲。空隙則填以動物及漢字。惟各動物俱傳以翼，與斯氏在樓蘭所得諸絲織物多有同者。英儒 W. Perceval Yetts 氏謂其風格當導源於米索不達米亞。然據法儒 M. Reinach 氏之說則花紋中動物飛走之姿勢，實取法於邁錫尼 (Mycenae) 藝術，自邁錫尼以傳至於中亞，更由此取道西伯利亞以入中國，然後又復西傳。（註一七）其風格不論導源於米索不達米亞，抑取法於邁錫尼藝術；要其受西方工藝之影響，則毫無疑義。而絲絹西傳年代之古，吾人由是更得一確切不移之證據焉。

上所引述，爲吾國史籍中關於絲絹西傳之紀載，及歐西學者在西陲所獲絲絹實物之內容，二者初無聯帶之關係，特欲藉以考見絲絹西傳年代之久遠而已。茲再從西方古籍之紀載，推論其西傳之年代。

西方古典中述及吾國絲絹者，計有以下各書：

（一）舊約全書　全書中之以賽亞書 (The Book of Isaiah) 第四十九章，第十二節，有 Sinim 一名，聖經學者及法儒可爾的 (Henri Cordier, 1849—1925) 謂此 Sinim 是指中國人而言，或卽絲人二字之譯音，亞摩士書 (The Book of Amos) 第三章，第十二節之 d'mesq, or d'mesheq 一字，原義爲絲絹，與阿拉伯語之 dimaks，希臘語之 Mĕtaksa 英語之 damask 相當。以西結書 (The Book of Ezekiel) 第十六章，第十、十三兩節之 Meshi 一字，義爲「絲織輕紗」(silken gauze)。（註一八）

(二)[illegible](Pan[illegible])書中謂西方諸國所用之絲與鐵，皆從中國輸來。（註一九）(三)[illegible](Kautilya 書中有「支那產絲，其絲貨有販至印度」之語。（註二〇）考以賽亞書，乃猶太預言者 Isaia 所著，成書於 B. C. 740 至 B. C. 701 年間。亞摩司書，乃猶太預言者 Amos 所作，成書於 B. C. 760 至 B. C. 746 年間。以西結書，亦爲猶太預言者 Ezekiel 所作，成書於 B. C. 592 至 B. C. 570 年間。沿岸航行記爲希臘歷史學家[illegible]斯克利道斯 (C[illegible]tos) 與亞歷山大部將尼亞爾可斯 (Neark'os) 所著，成書於 B. C. 3[illegible]5 年頃。考[illegible]，爲印度孔雀王朝 (Mau'ya Dynasty) 旃陀羅笈多王 (King Candragup'a) 之宰相[illegible]，亦成書於 B. C. 300 年頃。假使此等紀載爲確實，則吾國絲絹在紀元前八世紀時，至遲亦在紀元前四世紀初，即已傳至西方各國矣。

（註一）民國十、十二年，[illegible]調查所[illegible]，[illegible]地質學家安特生 (C. G. Anderson) 及奧大利地質學家師丹斯基 (O. Zdansky) 等在河[illegible]仰韶村、奉[illegible]沙鍋屯、及甘[illegible]等處，掘出石器時代之彩色陶器 (Painted Pottery) 甚多，其紋彩式樣，[illegible]多瑙河口，波斯古都 Susa，及中亞 Anau 等地所發見之彩色陶器，甚屬同一系統，可知石器時代，東西文化已有連帶關係。詳見中華遠古之文化（地質彙報第五號第一册內，十二年十月出版）；河南石器時代之著色陶器（古生物誌丁種第一號第二册，十四年一月出版）；及甘肅考古記（地質專報甲種第五號，十四年六月出版，以上[illegible]所出版）。

（註二）東西海上交通起源甚古，惟究始於何時，亦未可考。法儒 Pauthier 氏據述異記卷上「陶唐之世，越裳國獻千歲神龜，方三尺餘。」之紀載，謂越裳國，殆即西方古國 Chaldaea。又據拾遺記卷二「成王即政三年（紀元前一一一三年），有泥離之國來朝。」之紀載，謂泥離使者，實由來自埃及尼羅河 (Nile) 畔（前者見氏著 H. des

Relation politiques de la Chine, etc. pp. 5—7；後考見氏著 Chine Ancienne, p. 85, 又 H. Yule: Cahtay and the Way Thither, Vol. I XXXVI.）。其說實已論證，未可信。古代文獻紀載東西海上交通的事蹟，蓋以漢書地理志所紀爲最早，且最可信據。

（註三）本文所述通西域之路線，乃指漢代之路線而言。漢代以後，道路時有變易。茲節引諸史所紀如下，以見一斑：

(1)漢書卷九六西域傳：「自玉門陽關出西域，有兩道：從鄯善，傍南山北波河西行，至莎車，爲南道。南道西踰葱嶺，則出大月氏、安息。自車師前王庭，隨北山波河西行，至疏勒，爲北道。北道西踰葱嶺，則出大宛、康居、奄蔡、焉耆。」

(2)後漢書卷一一八西域傳：「自敦煌西出玉門、陽關，涉鄯善，北通伊吾，千餘里。自伊吾北通車師前部，高昌壁，千二百里。自高昌壁北通後部金滿城，五百里。此其西域之門戶也。故戊己校尉更互屯焉。自鄯善踰葱嶺，出西域諸國，有兩道：傍南山北陂河西行，至莎車，爲南道。南道西踰葱嶺，則出大月氏安息之國也。自車師前王庭隨北山陂河西行，至疏勒爲北道。北道西踰葱嶺，出大宛、康居、奄蔡、焉耆。出玉門經鄯善、且末、精絕三千餘里，至拘彌。」

(3)三國志魏志卷三〇注引魚豢魏略西戎傳：「從燉煌玉門關入西域，前有二道，今有三道：從玉門關西出，經婼羌，轉西越葱嶺，經縣度，入大月氏，爲南道。從玉門關西出，發都護井，回三隴沙北頭，經居盧倉，從沙西井轉西北過龍堆，到故樓蘭，轉西詣龜茲，至葱嶺爲中道。從玉門關西北出，經橫坑，辟三隴沙、及龍堆，出五船北，到車師界戊己校尉所治高昌，轉西與中道合龜茲，爲新道。」

(4)魏書卷一〇二西域傳：「其西出西域本有二道，後更爲四：出自玉門，度流沙，西行二千里，至鄯善爲一道。自玉門度流沙，北行二千二百里，至車師爲一道。從莎車西行一百里，至葱嶺，葱嶺西一千三百里，至伽倍爲一道。從莎車西南五百里，葱嶺西南一千三百里，至波路爲一道。」

(5)隋書卷六七裴矩傳引矩撰西域圖記序：「發自敦煌，至於西海，凡爲三道。各有襟帶，北道從伊吾，經蒲類海，鐵勒部，突厥可汗庭，度北流河水至拂菻國，達於西海。其中道，從高昌、焉耆、龜茲、疏勒、度葱嶺；又經鏺汗、蘇對、沙那國、康國、曹國、何國、大小安國，穆國，至波斯，達於西海。其南道，從鄯善、于闐、朱俱波、喝（唄？）大槃陀、度葱嶺、又經護密、吐火羅、挹怛、帆延、漕國，至北婆羅門，達於西海。其三道諸國亦各自有路南北交通。其東女國、南婆羅門國等，並隨其所往，諸處得達。故知伊吾、高昌、鄯善，並西域之門戶也。總湊敦煌，是其咽喉之地。」

（註四）文中所述陸上交通之路線，是據史記大宛傳、前漢書卷九六上西域傳、後漢書卷一一八西域傳、三國志卷三十、及魏書諸書所載。

（註五）希羅多德史記中所紀希臘人既知之東方商路，在紀元前二世紀以前，確屬存在。吾國大黃 (rhubarb) 確係由此路輸入於希臘及羅馬。其時，歐人固不知此物傳自中國。紀元一世紀初之希臘植物學家 Dioscorides Pedanius 氏（希臘語原名爲 Dioskurides Pedanios）謂大黃乃從 Bosphorus 海外取來之一種樹根。而紀元一五〇年頃之希臘地理學家 Ptolemy 氏則名大黃曰 rha.; 亦有稱爲 rha Ponticum（即 Black Sea rha）者，蓋因此物由黑海及窩瓦河 (Volga) 方面傳入也。有學歷史家謂絲綢在昔當亦曾由此大黃西輸之路傳入歐洲；並以爲羅馬帝國對於 Armenia, Iberia, Cimmerian, Bosphorus 諸地之政策，其決定亦與此絲路有關。其實，絲綢並非由此路西傳，因此路偏在北方，交通未甚便利；且自西曆紀元前後，盤據其地之遊牧民族，常行掠刧，商旅裹足，遂致廢絕故也。

（註六）諸說詳見藤田豐八著東西交涉史之研究、南海篇、狼牙脩國考、前漢西南海上交通之紀錄。馮承鈞譯費琅崑崙及南海古代航行考，一〇四——一一四頁。張星烺著東西交通史料匯篇，第六冊，三七——三九頁。Lacouperie, The Western Origin of the Early Chinese Civilization, p. 182.

（註七）參閱馮承鈞譯西域南海史地考證譯叢，一一一——一二〇頁。馮譯交廣印度兩道考，八六——一〇六頁。馮譯沙畹著中國之旅行家，一六頁。藤田豐八著東西交涉史之研究，南海篇九五——一三五頁。

（註八）見 H. Yule, Cathay and the Way Thither, Vol. I Clvi.

（註九）科斯麻士原文，見 H. Yule, op. cit; Vol. clxvii, ente 9; 又張著東西交通史料匯篇，第三冊，五——

三七頁。

（註一〇）見原隨園著印度文化與希臘及西南亞細亞文化之交流，九、十頁（岩波書店東亞思潮講座之一種）。

（註一一）吾國歷代以綺縑或綢緞賞賜外國君王、使節、或高僧之例甚多。茲舉唐代以前數例，以概其餘。

（1）史記卷一一〇匈奴列傳：「是時，匈奴以漢將數率衆往降，故冒頓常往來侵盜代地，於是漢患之。高帝乃使劉敬奉宗室女公主爲單于閼氏，歲奉匈奴絮繒酒米食物各有數，約爲兄弟，以和親，冒頓乃少止。」

「漢與匈奴約爲兄弟，所以遺單于甚厚，倍約離兄弟之親者，常在匈奴。然右賢王已在赦前，單于勿深誅，單于若稱書，意明告諸吏，使無負約，有信，敬如單于書。使者言單于自將伐國有功，甚苦兵事。服繡袷綺衣，繡袷長襦，錦袷袍，各一，比余一，黃金飾具帶一，黃金胥紕一，繡十匹，錦三十匹，赤綈綠繒各四十匹，使中大夫意，謁者令肩遺單于。」

「初，匈奴好漢繒絮食物。中行說曰：匈奴人衆，不能當漢之一郡，然所以彊者，以衣食異，無仰於漢也。今單于變俗，好漢物，漢物不過什二，則匈奴盡歸於漢矣。其得漢繒絮，以馳草棘中，衣袴皆裂敝，以示不如旃裘之完善也。得漢食物，皆去之，以示不如湩酪之便美也。」

「自是之後，漢使欲辯論者，中行說輒曰：漢使無多言。顧漢所輸匈奴繒絮米糵，令其量中，必善美而已矣，何以爲言乎？且所給備善則已，不備苦惡，則候秋孰，以騎馳蹂而稼穡耳。」（以上乃文帝——B. C. 179—B. C. 157——時事）。

（2）漢書卷九六西域傳：「（宣帝）元康元年（A. D. 65），（龜茲）王及夫人，皆賜印綬，夫人號稱公主，賜以車騎旗鼓歌吹數十人，綺繡雜繒奇珍，凡數千萬。留且一年，厚贈送之。」

（3）漢書卷九四下匈奴傳：「（宣帝）甘露三年（A. D. 51）單于正月朝天子於甘泉宮，漢寵以殊禮，位在諸侯王上，贊謁稱臣而不名，賜以冠帶衣裳黃金璽盭綬，玉具劍，佩刀，弓一張，矢四發，棨戟十，安車一乘，鞍勒一具，馬十五匹，黃金二十斤，錢二十萬，衣被七十七襲，錦繡綺縠雜帛八千匹，絮六千斤。」

（4）後漢書卷一一九，南匈奴傳：「（光武帝建武二十六年 A. D. 50 年）秋，南單于遣子入侍奉，奏詣闕，詔賜單于冠帶衣裳黃金璽盭綱綬，安車羽蓋華藻駕駟寶劍弓箭黑節三駙馬二，黃金錦繡繒布萬匹，絮萬斤，樂器鼓車棨戟甲兵飲食什器，又轉河東米糒二萬五千斛，牛羊三萬六千頭，以贍給之。令中郎將置安集掾史將弛刑五千人，持兵弩，隨單于，所處參辭，察動靜。單于歲盡輒遣奉奏，送侍子入朝，中郎將從事一人，將領詣闕，漢遣謁者送前侍子還單于庭，交會道路。元正朝賀拜祠陵廟畢，漢乃遣單于使令謁者將送賜綵繒千匹，錦四端，金十斤，大官御食醬及橙橘龍眼荔支，賜單于母及諸閼氏，單于子及左右賢王，左右谷蠡王骨都侯有功善者，繒綵合萬匹，歲以為常。」

「今（建武二十八年）單于欲脩和親，款誠已達，何嫌，而欲率西域諸國俱來獻見，西域國屬匈奴與屬漢何異？單于數連兵亂，國內虛耗，貢物裁以通禮，何必獻馬裘？今齎雜繒五百匹，弓鞬韇丸一，矢四發，遣遺單于。及賜獻馬左骨都侯，右谷蠡王，雜繒各四百匹，斬馬劍各一。」

「（建武）三十一年，北匈奴復遣使如前，乃璽書報答，賜以綵繒，不遣使者。單于比立，九年薨，中郎將段郴將兵赴弔，祭以酒米，分兵衞護之。弟左賢王莫立，帝遣使者齎璽書鎮慰，拜授璽綬，遺冠幘絳單衣三襲，童子佩刀緄帶各一。又賜繒綵四千匹，令賞賜諸王骨都侯已下。其後，單于薨，弔祭慰賜，以此為常。」

「順帝漢安二年（A. D. 143），立之，天子臨軒大鴻臚持節拜授璽綬，引上殿賜青蓋駕駟鼓車安車駙馬騎玉具刀劍什物，給綵布二千匹，賜單于閼氏以下金錦錯雜具軿車馬三乘。遣行中郎將持節護送單于歸南庭，詔太常大鴻臚與諸國侍子於廣陽城門外，祖會饗，賜作樂角抵百戲。」

（5）晉書卷一一三苻堅傳上：「先是，梁熙遣使西域，稱揚堅之威德，並以綵縟賜諸國王。于是，朝獻者，十有餘國。」

（6）義淨大唐求法高僧傳：「會寧律師，益州成都人也。麟德年中（A. D. 664—665），杖錫南海，汎舶至訶陵州，停住三載，遂共訶陵國多聞僧若那跋陀羅（此云智賢）譯經。會寧既譯得阿笈摩本，遂令小僧運期奉表齎經，還至交府，馳驛京兆，奏上闕庭，冀使未聞，流布東夏。運期從京還達交阯，告諸道俗，蒙贈小絹數百匹，重詣訶陵，報德智賢，與會寧相見。」

(7)隋書卷八二赤土傳：「煬帝即位，募能通絕域者。大業三年（A. D. 607），屯田主事常駿虞部主事王君政等請使赤土，帝大悅，賜駿等帛各百匹，時服一襲，而遣齎物五千段（緞），以賜赤土王。」

(8)馮譯西突厥史料第四篇，一八七頁：「五六八年，周武帝以突厥木杆可汗之女阿史那氏為后，歲給突厥繒絮錦綵十萬疋，周既得突厥之助，遂于五七七年滅齊。」

(註一二)管子水地篇云：「夫玉之所貴者，九德出焉，夫玉溫潤以澤，仁也。鄰以理者，知也。堅而不蹙，義也。廉而不劌，行也。鮮而不垢，潔也。折而不撓，勇也。瑕適皆見，精也。茂華光澤，並通而不相陵，容也。叩之其音清搏徹遠。純而不殺，辭也。是以人主貴之，藏以為寶。剖以為符瑞，九德出焉。」又禮記聘義云：「子貢問於孔子曰：敢問君貴玉而賤碈者，何也？為玉之寡而碈之多與？孔子曰：非為碈之多故賤之也，玉之寡故貴之也。夫昔者君子比德於玉焉。溫潤而澤，仁也。縝密以栗，知也。廉而不劌，義也。垂之隊，義；叩之其聲清越以長，其終詘然，樂也。瑕不揜瑜，瑜不揜瑕，忠也。孚尹旁達，信也。氣如長虹，天也。精神見於山川，地也。圭璋特達，德也。天下莫不貴，道也。詩云言念君子，溫其如玉。故君貴之也。」可見古人對於玉是如何的重視。

(註一三)見飯島忠夫著支那古代史論，三四五、三四九、三五四頁。

(註一四)藍田之玉，在宋代卽已無人述及。明李時珍本草綱目謂宋蘇頌不聞藍田、南陽、日南產玉之事云。又李斯諫秦王逐客云：「今陛下致崑山之玉，有隨和之寶，垂明月之珠，服太阿之劍，乘纖離之馬，建翠鳳之旗，樹靈鼉之鼓。此數寶者，秦不生一焉，而陛下今說之何也？」秦在陝西，而陝西有藍田之玉；然秦王尚必須致崑山之玉，李斯且言此數寶者（玉在內），秦不生一焉，蓋以崑崙之玉佳，而藍田產玉，實微乎其微，不足道也。

(註一五)見濱田耕作著古玉概說，第二章。又木簡中文字如下：

（一）王母謹以琅玕一，致問　（背）王。

（二）臣承德叩頭，謹以玫瑰一，再拜致問　（背）大王。

（三）奉謹以琅玕一，致問　（背）春君，幸毋相忘！

（四）休烏宋耶謹以琅玕一，致問　（背）小大子九健持。

(五)蘇且謹以琅玕一，致問　(背)春君。

(六)蘇且謹以黃琅玕一，致問　(背)春君。

(七)君華謹以琅玕一，致問　(背)且末夫人。

(八)大子美夫人叩頭，謹以琅玕一，致問　(背)夫人春君。

(註一六)見向達譯斯坦因西域考古記，一二〇——一三四頁。

(註一七)見向譯斯坦因西域考古記，附錄三，俄國科斯洛夫探險隊外蒙考古發現紀略，二八〇，二八七頁。

(註一八)Yule, op. cit; Vol. I. XXXVI; The Encyclopaedia Britannica (eleventh edition), Vol. XXV, p. 97.

(註一九)原隨園著印度文化與希臘及西南亞細亞文化之交流，一三頁。

(註二〇)見拙著東西交通史料匯篇，第五冊，[illegible]九頁，引述德國學者 Hermann Jacobi, Kultur, Sprache-, und Literarhistorisches aus dem Kautiliya 一文。

第三章　西曆紀元前後歐人對於絲國及蠶絲之觀感

吾人前已論述：中國絲絹在先秦時代即已傳至西亞及東歐諸國。其時，西方人士對於絲絹之原產地，果爲何國？又其方位若何？均屬懵然，祇稱其產地爲賽里克（Serice），或賽里斯（Seres），或賽里亞（Seria），或賽拉斯（Seras），或賽里可斯（Sericus）；稱其產地之住民或販賣絲絹之商人爲賽里斯（Seres）；稱其販運之路爲「賽里斯之路」（Road of the Seres）。考 Serice, Seres, Seria, Seras, Sericus 諸名詞，俱由希臘語 Ser, Serikon 及拉丁語 Sericum, Cericum 演變而來，其意義爲「絲國」（Land of the Silk）。西曆紀元前後，歐人對於吾國及人民之稱號，約有兩大類：第一類即上舉之賽里克、賽里斯、賽里亞、賽拉斯、賽里可斯；第二類爲新或秦（Sin, or Thin），及新那或秦那（Sinai or Thinai）。新或秦，指中國之國土；新那或秦那，則指中國之住民。第一類之稱號，是由陸路方面傳去；第二類之稱號，乃從海路方面阿拉伯人傳入，其時代較前者爲後。蓋此種稱號，起源於秦之強大。至紀元後一世紀末始有之；而前者則起源於絲絹之優美，在紀元前四世紀末或紀元前一世紀頃，即已有是稱故也。（註一）茲就當時文人學士之著作中，曾述及絲國及絲絹者，擇要舉述，藉以窺見彼等對於吾國及蠶絲之感觀焉。

（一）克特西亞斯（Ctesias，希臘語原名為 Ktesias，紀元前五世紀時人）克氏為希臘史學家，壯歲從軍，出征波斯，被擄，留居波斯都城蘇舍（Susa），為波斯王之侍醫。紀元前三九八年頃，歸國，本所聞見，著為印度史、波斯史、亞敍利亞(Assyria)史。英國東洋學者米勒（Friedrich Max Müller, 1823—1900）輯其著述，編為“Ctesias”一書。克氏為歐人著作中最先紀述絲國民族者。彼謂賽里斯人（Seres）相傳身體高大，達十三骨尺（Cubits，每骨尺之長度，為由肘至中指之末端；在英國每十八英寸為一骨尺），而壽命亦超高二百歲。其言荒唐無稽；且因此節祇見於現在克氏所著諸書中之鈔本內（M. S. of the Bibliotheca of Photius），故米勒氏疑此節為後人所竄入，非克氏原著所有者云。（註二）

（二）米拉（Pomponius Mela，紀元一世紀時人）米氏為羅馬地理學家。紀元五〇年頃（或作四〇年，又作四四年），著世界地誌（De Chorographia, or De Situ Orbis）一書，紀述地中海及其周圍各國之地理。書中第一卷第二章及第三卷第七章，均有關於絲國之紀述。彼謂：

「亞細亞極東，有印度人、賽里斯人（Seres）、西梯亞人（Seythians）。印度人處極南，西梯亞人處極北，而賽里斯人則居中部。由裏海、西梯亞海岸前行，海岸線折而面東。西梯亞海角附近，積雪難通行。過此則田土不耕，有野人居之，即西梯亞與塞啓（the Canuibal Seythians and the Sagae，殆即史記漢書中之塞種）二部落也，皆嗜食人。

二部之間，有荒土，野獸成羣，無人敢居。過二部復有大荒土，彌漫無際，不見人跡，唯野獸與飛鳥而已。由此直抵塔比斯山（Thabis，懸峙海岸。距此甚遠，則有桃魯斯（Taurus）高嶺。賽里斯國即界居二山之間。其人誠實，世界無比，善於經商；唯交易時，不以面相視，遺貨於砂磧中，以背相對也。」（註三）

米氏對於亞洲東部各民族分布之情形，敍述頗爲正確。特彼謂絲國人交易時，不以面相視，遺貨於砂磧，以背相對之習俗，則未免沿襲舊說，以訛傳訛耳。

（三）普林尼（Pliny，拉丁語全名爲 Gaius Plinius Secundus, A. D. 23－79）普氏爲羅馬博物學家。氏從前賢四百七十四家之著作約二千部中，輯錄關於天文、地理、人種、民俗、動物、植物、礦物、藥物等材料，凡二萬條，而成博物誌（Natural History）三十七卷，爲古代博物學第一部名著。全書告成於紀元七七年，獻諸羅馬皇帝泰塔斯（Titus）。書中第六卷第二〇、二四章，及第十二卷第四一章內，均有關於絲國及絲綢之紀載。彼謂：

「沿裏海（Caspian Sea）及西梯亞洋（Scythian Ocean）海岸線東北行，即抵賽里斯國（Seres）。其國林中產絲，馳名宇內。絲生於樹葉上，取出，濕之以水，理之成絲。然後織成錦繡文綺，販運至羅馬。富豪貴族之夫人嬌媛，裁成衣服，光輝奪目；人巧幾奪，而地角亦至此盡矣。賽里斯人和厚可親；然羞與人爲侶，與森林中鳥獸無異，見人輒避走，雖願與他國通商貿易；然皆待他人之來，而絕不求售也。」

「賽里斯人居愛摩都斯山（Emodus）之外，以通商見知於吾人。其人身體高大，過於常人。紅髮碧眼，聲音洪亮，惜言語不通，不能與之交談耳。」（註四）

玉爾氏（H. Yule）註釋此文，據紀元一世紀羅馬學者塞奈加（Seneca）之紀載，及十世紀阿拉伯學者阿蒲齊特（Abu Zaid, 一作 Abu Zayd）「中國重要官員所穿之衣服，乃上等絲料所製成。此種上等絲料，從未輸入於阿拉伯」之說，謂當日輸入於羅馬者，乃是輕紗（gauzes）而非若後來輸入之上等絲絹（rich silks）如花緞繡緞之類（the satins and damasks）云。（註五）

又普氏謂「賽里斯人居愛摩都斯山之外」，此愛摩都斯山，卽托勒美（Ptolemy），地圖製作法指南內所謂界分內西梯亞及外西梯亞（Inner and Outer Scythia）之伊摩斯山（Imaos），[illegible]卽現在伊蘭（Iran）極東部與新疆極西部之交界處，帕米爾山脈之博斯鶩山、阿拉山、及摩[illegible]山（Bostan-arche, Alai, Moji）。（註六）普氏對於絲國人民及絲絹之知識，雖不免謬誤；然[illegible]絲國方位之所在，則固相當正確也。

（四）愛利脫利亞海周航記（The Periplus of the Erythraean Sea）此書成於紀元八〇年至八九年之間，著者為埃及之希臘人某氏（或云為二世紀上半期著名史學家亞利亞腦斯（Arrianos）所著，實則著者姓名已佚，不審究為何人之作也。）書中紀中國事云：

「過克利斯（Chryse），抵秦國（Thinae）後，海乃止。有大城曰秦尼（Thinae），[illegible]其國西部，遼處北方。由此城，生絲、絲線、及絲所織成之綢緞，經陸道過拔克脫利亞

第三章 西歷紀元前後歐人對於絲國及蠶絲之[illegible]感　二十[illegible]

（Bactria 即史記、漢書中之大夏），而至巴利格柴（Barygaza）。更由恆河水道而至李米里斯（Limyrice，在今 Coromandel Coast），其地距此甚遠，往秦國甚不易；由其國來者，亦極少也。」（註七）

考 Erythraean Sea，義爲 Red Sea，即今紅海也。然書中所紀航程，不僅紅海方面，即波斯灣、阿拉伯海灣、及印度洋方面之航程，亦概述於其中。書中稱吾國爲秦那（Thinae），爲歐人著作中最初稱吾國以是名者，蓋沿阿拉伯人對吾國之稱號也。Chryse，又名黃金國（The Golden Land）。玉爾註云在今緬甸白古（Pegu）及其附近，以古代印度佛教徒稱 Suvarna Bhumi（緬甸）爲黃金國也。（註八）Barygaza，張星烺先生注謂即今印度孟買附近之 Baroch 港。以當日印度交通路線及重要商港度之，其說蓋可信也。

（五）托勒美（Ptolemy，希臘語原名爲 Ptolemaios Klaudios，拉丁語原名爲 Ptolemaeus Claudius，紀元一五○年時人）托氏爲希臘地理學天文學家，著有地理學（Geographike Hyphegesis，一譯作地圖製作法指南）十八卷，爲古代偉大著作，後世學者，多據之以考究古代各國之地理。書中第一卷第十一章，及第六卷第十六章中，多紀述中國事，惟不甚精確耳。其言曰：

「大地上，人類可居之地，極東爲無名地（Unknown Land），與大亞細亞（Asia major）最東之秦尼國（Sinae）及賽里斯國（Serice）爲鄰。……賽里斯國及其都城，俱在秦尼國之北。塞里斯及秦尼之東，則爲無名之地。……賽里斯國西界西梯亞國（Scythia），在伊毛斯嶺（Imaus）外。北界無名地（Terra Incognita），與吐雷島（Island of Thule）同緯。東亦界無名地（Terra Incognita），界在東經一百八十度，北起北緯六十三度。南下至南緯三度爲止。南界印度恆河（Ganges）東岸地。沿北緯三十五度至東經一百七十三度該地極端乃止。再進與秦尼國爲隣，又至無名地爲止（Terra Incognita）。……秦尼國北界賽里斯東部，東及南皆界無名地（Terra Incognita）。其西界印度恆河邊境，大海曲，秦利俄特斯海灣（Theriodes）及秦尼灣。秦尼灣畔，有黑人（Ethiopians），專食魚。」

又托氏引馬利奴斯（Marinus，地中海東岸 Trye 港人，乃最後希臘之治地理學者，約與班超同時）之紀述，稱羅馬歐亞人（Roman Eurasians）常到「絲國」（Land of Seres）去作絲綢貿易。彼等經由塞略游牧人（Nomadic Sacai, or Sagae，疆域東邊之伊摩斯山（Imaos）而至石塔（Stone Tower）地方，再由此至賽里斯國都城賽拉（Sera）云。（註九）

考托勒美地理學所紀中國之事，乃根據馬利奴斯之紀程而加以修正者。而馬利奴斯之紀程。則取自馬基頓商人梅斯（Maës Titianus, A. D. (8-80) 之報告，蓋梅斯曾親自取道大夏（現在之 Balkh），到石塔，並遣其商業代理人由石塔經過稱爲西梯亞外伊摩（Scythia extra Imaon）之塔里木盆地，而至 Sera Metropolis（絲國首都），購運絲綢也。托氏之書，既係據自間接之報告，則其所紀中國事，自較其他著述爲詳。而其所紀往絲國之路，按之現在地形，亦殆無不合。斯坦因謂托氏書中所云古代商人從大夏往絲國途中所遇到的石塔，實在今哈剌特斤（Karategin）與阿拉山（Alai）之差得村（Chat，距離現在之 Darant-Kurghan 約三哩）。又其書中所云：「伊摩斯山上商人向絲國去那一個驛站」，殆亦即現在從疏勒通費干那（Farghand）大道上之伊爾克什坦大驛（Irkesl-tam）；（註一〇）其言蓋極可信也。托氏分中國爲賽里斯及秦尼兩國，（註一一）而置賽里斯國及其國都賽拉（Sera）於秦尼國之北。此種觀念固與事實不符；然在當時則屬當然之事。因其時陸路及海路兩方面實分別稱吾國以賽里斯及秦尼也。吾人觀於十八世紀以前，歐人或將中國分爲契丹（Cathay）及支那（China）二國，尚不知契丹即是支那；或將吾國分爲中國及秦國兩部，不知秦國即是中國，（註一二）則托氏之錯誤，固無足異耳。

（六）波舍尼阿斯（Pausanias，紀元二世紀時人）　波氏爲希臘地理學，歷史學家。紀元一六〇年至一八〇年之間（一說一七四年頃），氏著希臘指南（或譯作希臘志 "Hellados Periegesis," or "The Itinerary of Greece"）一書，經述希臘古代美術及傳說甚詳。書中第六卷第二十六章紀中國事云：

「愛里斯國（The Land of Elis），物產豐富，尤以必速斯（byssus，玉爾謂或即棉花）爲多。蔴苧及必速斯，皆有相宜之田，可以植之。惟賽里斯人用織綢緞之絲，則非來自植物，另有他法以製之也。其法如下：其國有蟲，希臘人稱之爲賽爾（Ser）；惟賽里斯人不稱之爲賽爾，而別有他名以名之也。蟲之大，約兩倍於甲蟲。他種性質，皆與樹下結網之蜘蛛相似。蜘蛛八足，該蟲亦有八足。賽里斯冬夏兩季，各建專舍以蓄養之。蟲所吐之物，類於細絲，纏繞其足。先用稷養之四年，至第五年，則用青蘆飼之，蓋爲此蟲最好之食物也。蟲之壽僅有五年耳。蟲食青蘆過量，血多身裂，乃死，其內部絲也。」

「賽里亞（Seria）爲愛利脫利亞海（Erythraean Sea）之澳中之一島。有人告余：賽里亞四周，並非皆愛利脫利亞海，乃在賽爾河（Ser）口，猶之埃及國尼羅河口之三角洲，其四周非盡海也。賽里斯人爲黑種（Ethiopic Race），近旁之阿巴撒（Abasa）及撒開雅（Sakaia）兩島，亦爲所佔據。然又有人言於余云：其人並非黑種，乃西梯亞人（Scythians）及印度人之雜種也。以上所記，皆余聞自他人者也。」（註一三）

波氏所記我國絲綢之製造及養蠶之方法，雖不無謬誤之處；然較之紀元前一世紀羅馬大詩人弗吉爾（Vergil）謂絹由森林樹葉製出；及紀元二世紀希臘詩人佩里革特斯（Periegetes）謂絹由竹葉造成之見解，固已進步甚多。自波氏之說出，歐人對於絲綢之製造及育蠶之方法，始有比較明確之認識。惟波氏關於我國方位，及民族之觀念，則依舊曚矓不清，無勝於前賢之處耳。

（七）馬爾克利奴斯（Ammianus Marcellinus, 330—400）馬氏爲羅馬史學家，壯歲從軍，隨羅馬皇帝朱理阿奴斯（Julianus）出征波斯，晚年棲隱於羅馬。紀元三九〇（一作三八〇）年，著羅馬帝國史（Rerum Gestarum Libri）三十一卷（現僅存三五三至三七八年之部分，即第十四以下各卷），以紀載正確公允著名。書中第二十三卷第六章紀中國事云：

「西梯亞兩部（Two Scythias）外，向東有賽里斯國。四周有高山環繞，連續不絕，成天然保障，賽里斯人安居其中。地皆平衍，廣大富饒。西鄰西梯亞人；東與北兩面，皆界窮荒，終年積雪；南面疆界，至印度及恆河爲止。四周諸山，爲安尼雅（Anniva）、那柴維秀姆 Nazavicium）、阿斯彌拉（Asmira）、愛摩頓（Emodon）、及俄普羅略喀（Opurocarra）。山皆高峻崎嶇。其中平原，有俄科達斯（Oechardes）及包泰斯（Bautis）兩大河貫注之。河流平易，勢不湍急，灣折甚多。賽里斯平和度日，不持兵器，永無戰爭。性情安靜沉默，不擾鄰國。時候溫和，空氣清潔，適於衞生。天空不常見雲，無烈風，森林甚多，人行其中，仰不見天。」

「林中有毛，其人勤加灌溉，梳理出之，成精細絲線。半似羊毛纖維，半似粘質之絲。將此纖維，紡織成絲，可以製衣，昔時吾國僅貴族始得衣之，而今則各級人民，無有等差，雖賤至走夫皁卒，莫不衣之矣。」

「賽里斯人習慣儉樸，喜安靜讀書以度日，不喜多與人交游。外國人渡邊境大河，往購絲及他貨者，皆備以目相視，議定價值，不交談也。其地物產豐富，無求於他人。雖有時願將貨物售於他人；然絕不自他人有所購買也。」（註一四）

按歐人著述中紀載吾國氣候溫和，物產豐富，及有兩大河流貫其中平原者，實以馬氏此節爲嚆矢。蓋時代既後，中歐接觸漸多，馬氏由使者採輯關於中國之情報，較爲豐富，故其紀載，自較近眞。惟馬氏謂絲由林中之毛梳理而來一節，反較波舍尼阿斯所紀爲謬誤，則又至可異者耳。

上舉七人外，尙有下列諸人，其著作中，亦有關於賽里斯、賽里克、或賽里亞之紀述。

（一）務吉爾（Vergil，拉丁語全名爲 Publius Vergilius Maro, B. C. 70—19，務氏名字，普通寫作 Virgil，或 Virgilius，實誤。茲據其著述之精鈔本及金石文，特改正爲 Vergil）務氏爲羅馬詩宗，幼年卽以能詩名。壯歲得羅馬皇帝奧古斯都（Augustus，在位，B. C. 30—A. D.14）之知遇，爲宮廷詩人。著述甚富，中以牧歌（Bucolica）、農耕賦（Geogicon）、及亞尼亞斯之歌（Aeneas）爲最有名。農耕賦第二章第五節，描述賽里斯事，謂絲絹由森林之樹葉製成云。（註一五）

（二）賀拉西（Horace，拉丁語全名爲 Quintus Horatius Flaccus, B. C. 65—B. C. 8）賀氏爲羅馬詩人。氏之作品，除上羅馬皇帝奧古斯都賦外，尙有 Odes, Satires, Epodes, Epist et poetica 等篇。賽里斯一名散見於各詩中。（註一六）

第三章　西歷紀元前後歐人對於絲國及蠶絲之觀感　一三三

（三）奧維得（Ovid，拉丁語全名為 Publius Ovidius Naso, B. C. 43—A. D. 17）奧氏為羅馬詩人，其代表作品，有豔情篇（Amores）、神變賦（Metamorphoses，日譯作變性物語）及年曆（Fasti）等詩。賽里斯一名，見於豔情篇、神變賦二詩中。（註一七）

（四）佛羅剌斯（L. A. Florus，紀元二世紀時人）佛氏為羅馬史學家，著有羅馬史綱（Epitome de Gestis Romanorum），書中曾載羅馬皇帝奧古斯都時代，賽里斯之使者隨各國之使節同至羅馬事。（註一八）

（五）佩里革特斯（Deonysios Periegetes，紀元二世紀時人）佩氏為希臘詩人。氏據希臘博物學家伊拉道斯特奈斯（Eratosthenes, B. C. 275—B. C. 195）所著地理學（Geographica），以韻文別著世界地理一書。四世紀時，此書由羅馬詩人亞維伊那斯（Rufus Festus Avienus）轉譯為拉丁文，名地球說（Descriptio Orbis Terrarum）。書中描述賽里斯事謂絲絹由竹葉製成云。（註一九）

其他如紀元一世紀，羅馬學者塞奈加（Seneca 氏只知有賽里斯國，而全不知其方位），詩人盧加奴斯（Lucanus，塞奈加之甥，氏謂賽里斯在非洲之後方），四世紀學者普立細亞奴斯（Priscianus），及五世紀希臘地理學家馬爾基阿諾斯（Markianos）等之著作中，間亦述及關於賽里斯或賽里克之事，茲不具引。

總之，西曆紀元前後，歐人心目中之賽里斯及新那，乃位於世界之東極，東臨大洋，西以伊麋斯山與大夏(Bactria)相接(賽里克),南與恆河左岸之印度地方爲鄰(新),北與西梯亞(Scythians)民族之境地相連。領域廣大,人口稠密。其人溫和而正直,儉約而樸實,愼與人爭,羞與人爲侶;但亦善於經商,喜與他人交易。至對於物產方面,彼等亦祇知其有生絲、絹織物、以及毛皮、鐵鑛等類;而對於生絲及絹織物,或謂由樹葉製出,或謂由竹葉造成,雖波舍尼阿斯對此較有明確之觀念,然亦仍不免於謬誤焉。

(註一)Yule, op. cit., Vol. I. XXXVI-XLII; 石田幹之助著歐人之支那研究,八、九頁。

(註二)Yule, op. cit., Vol. I. XXXIX; 石田幹之助著歐人之支那研究,十頁;張著東西交通史料滙篇,第一册,二十六頁。

(註三)Yule, op. cit., Vol. I. CLIII, note 3; 張著東西交通史料滙篇,第一册,三〇、三一頁。

(註四)Yule, op. cit., Vol. I. CLIII-CLVI, note 4; 張著東西交通史料滙篇,第一册,三一、三三頁。

(註五)Yule, op. cit., Vol, I. CLIV.

(註六)向譯斯坦因西域考古記,二〇五、二〇六頁。

(註七)Yule, op. cit., Vol. I. CXLIV. note 1; 張著東西交通史料滙篇,第一册,三五、三六頁。

(註八)Yule, op. cit., XXXVIII, CXLIV.

(註九)Yule, op. cit., Vol. I. CXLVI, note 2; 張著東西交通史料滙篇,第一册四四、五四、五六頁;向譯斯坦因西域考古記,二〇九、二一〇頁。

(註一〇)向譯斯坦因西域考古記,二〇九、二一〇頁。

(註一一)Yule 氏謂寨里斯爲今中國新疆省境域;秦尼國則爲中國本部云。

(註一二)一六〇二年,葡萄牙耶穌會教士鄂本篤(Benedict Goës, 1562—1607)經護密,往尋「契丹」。抬抵蔥嶺克（Scialik，即今焉耆縣）時（1604），始恍然大悟所欲探訪之「契丹」即是支那。其行程詳見 The Journey of Benedict Goes to Cathay，Yule, op. cit., Vol. II. pp. 549—596）。又一七〇三及一七〇五年，俄國致吾國之文書，對於吾國皇帝，稱爲「領有亞細亞洲、中國、及秦國各地至聖皇帝，」可見彼時歐人心目中之吾國爲中國及秦國二部所合成，實則中國與其所謂之秦國，乃一而二，二而一者也。（俄國文書，見一九三六年出版之故宮俄文史料，第六、第七、第八等號文書。）

（註一三）Yule, op. cit., Vol. I. CLVII. note 5; 張著東西交通史料匯篇，第一册，五七、五八頁。

（註一四）Yule, op. cit., Vol. I. CLVIII. note 6; 張著東西交通史料匯篇，第一册，六九、七〇頁；石田著歐人之支那研究，十七、十八頁。

（註一五）石田著歐人之支那研究，十四頁；岩波西洋人名辭典，一三四頁。

（註一六）石田著歐人之支那研究，十一頁。岩波西洋人名辭典一〇八六頁。

（註一七）石田著歐人之支那研究，十一頁。

（註一八）石田著歐人之支那研究，十六頁。

（註一九）石田著歐人之支那研究，十六、二七頁。

第四章　賽里斯、賽里克、賽里亞諸字的語源及其蛻變

前已述之：西曆紀元前後，歐人對於吾國有賽里斯 (Seres)、賽里克 (Serice)、賽里亞(Seria)、賽拉斯 (Seras)、賽里可斯 (Sericus)、新(Sin)及秦(Thin) 等稱號。此外，稱吾國國都為賽拉 (Sera) 或秦那 (Thinae)；稱吾國河流為賽爾 (Ser)。新、秦、新那、秦那諸名，淵源於秦之強大，為後起之稱呼，與絲絹西傳，無聯帶關係，今不具論。賽里斯、賽里克、賽里亞、賽拉斯、賽里可斯等字，乃由希臘語 Ser, Serikon，及拉丁語 Sericum (Cericum) 演變而來，而 Ser, Serikon, Sericum, Cericum 諸字，則為希臘羅馬人對於我國名產絲絹之稱呼。此種解釋，已成定論。惟此 Ser, Serikon, Sericum, Cericum 諸字，果從何種語言轉統而來乎？則東西學者持說未盡一致。茲略舉述如下：

(一)德國東洋學者克拉勃羅特 (Heinrich Klaproth, 1783—1835) 謂絲字原音讀如 Se 或 Seu，但古代中國邊境方言讀絲字時，附以接尾字 "r," 因成為 Ser 或 Seur 之音。滿洲語之 Sirge 及蒙古語之 Sirgek (均為絲之義)，與絲字有連帶關係，而希臘語之 Sēr (蠶)，Sērēs (製造絲絹之人)二字，則又與滿洲語之 Sirge，蒙古語之 Sirgek 有連帶關係。換言之：即希臘語之 Sēr, Sērēs 二字。乃由絲字轉變而來者云。(註一)自克氏提出此種假定後 F. Hirth

(Chinesische Studien, p. 217).，F. V. Richthofen (China, Vol. I. p. 443).，F. Schrader (Reallexikon, p. 757) 諸氏均加贊成而採用其說。

(二)法國東洋學者拉可伯里 (Albert Terrien de Lacoupérie) 謂、絲字從系，糸字、從呂，從小。小讀如 siao，呂讀如 lue，絲字是從雙音字（呂與小）變爲單音字。Siao, lue 二音合讀之，則得 Sil, Sel 二音。希臘語之 Ser, Seres 二字，即由此 Sil 或 Sel 轉變而來云。（註二）

(三)美國東洋學者洛佛爾 (Berthold Laufer) 謂：非爾都細 (Firdausi, or Firdousee，原名爲 Abul Kasim Mansur, 932 或 941—1020，波斯大詩人）屢曾述及中國錦（Chinese brocade—dibā-i cīn—）在波斯的裝飾品中占一重要的地位。非氏並言及美麗的裝飾的中國絲綢，名曰 parniyān。此字含義與中古波斯語 (Middle Persian) 之 parnikān 相同。伊蘭語中有一特別的字以稱絲絹 (silk)，此字尚未有滿意的解釋。如 Pahlavi 語（薩珊王朝時代，波斯西部通行之語言）之 aprēsum, aparēsun.，新波斯語(New Persian)之 abrēsum abrēšam（亞美尼亞語 —Armenian— 之 aprišum，由波斯語假借而來）.，又由是孳生之語言，有阿拉伯語之 ibarīšam 之 ibrīsam.，帕米爾方言 (Pamir dialect) 之 waršum, waršüm; Šugni 語之 wrežōn.，及阿富汗語之 wrēšam。此等字之形式，無疑的與中國絲絹諸字，並無連帶關係。最初主張西方稱絲之字與中國絲字有關聯者，爲克拉勃羅特 (Klaproth)。克氏以爲希臘語之 Seres, Serica, 乃由 Ser（蠶）字孳生而來，Ser 與蒙古語之 Širgek 及滿洲語之 Širge（均爲絲之義）實有連帶關係•；而 Širgek, Širge 二字則又與中國絲 (se) 字有連帶關係。吾對此傳統的見解，殊不謂然。吾實不解何故此希臘語 Ser 一字可釋其係從蒙古語或滿洲語轉變而來。吾人於蒙古及滿洲語言，僅知其最近語形，即十三世紀後之蒙古語及十六世紀後之滿洲語。希臘語之 Ser，及蒙古滿洲語之 Širgek, Širge，均與中國絲 (se) 字無關。且中國絲字之末從無接以子音 (consonant) 之事。克氏先假定古代中國邊境方言稱絲 (se) 字，末尾或有R之音，後乃根據此假定而倡爲希臘、蒙古、滿洲、中國諸語稱絲之字互有關聯之說。然而克氏此種假定，並非事實。吾人須知北京語中，最初使用語尾R聯屬於名詞，其時間雖或可上溯於十二世紀之末，或九世紀時；但此種語尾接法，成爲普遍使用，則是比較近代之事，不在元代之前，惟無論如何，當希臘語 Ser 一字已經產生之古代，此語尾R一子音，並不存在，則可斷言。況且，此接尾字之 r，不能隨意使用，有些名詞之末，接以 tse（子）之音者，亦有不容許再接以某子音者。惟絲 (se) 字從不與接尾字之 r 相聯屬。絲字之古時讀音當爲 si，或 sa。即由此音聲上言，亦可知蒙古滿洲語之 Širgek, Širge，或高麗語之 Sir（此是 Abel-Rémusat 氏所補充者）皆非從絲字轉變而來。吾不反對蒙古、滿洲、高麗諸語稱絲之字，其語源或在某一漢字•；然其語源不能在絲字上求之。俄羅斯語之 Šolk（絲）一字，通常以爲其語源傳自蒙古語之 Širgek (Dal' 氏亦主張此說)，吾對此種見解，實不置信。第一，兩字之音聲，並不一致；第二，一古代俄羅斯字，不能與蒙古語混爲一談。如必須於他種語言中尋求其相同或類似之字，則必須於土耳其語中尋之；然土耳其語中亦無與此相同或類似之字，蓋土耳其語稱絲之字爲 ipäk, torgu, torka 諸字也。俄羅斯語之 Šolk 一字 (Old Slavic selk, Lithuanian szilkai) 其字形與 silk 相類，殆可溯源於 Sericum。吾人殊無理由可以假定希臘語 Ser, Seres' Sera 諸字，其語源係傳自漢字。以吾所見，此 Ser, Sera, Seres 諸字乃最初由伊蘭人傳來，其語源實在於伊蘭語中也（按新波斯語稱絲爲 Sarah，阿拉伯語稱絲爲 Sarak，此乃由伊蘭語蛻變而來。又波斯語稱「金色錦」(gold brocade)爲 kimxāw, kamxāb, kamxā, kimxā；阿拉伯語稱之爲 kimxāw；印度斯坦語 Hindustānī 稱爲之 kamxāb，其語源殆皆由漢字「錦花」 kin-hwa, kim xwa 轉變而來）。（註三）

（四）英國東洋學者亨利玉爾 (Sir Henry Yule, 1820—1889) 謂：漢字「絲」，讀若 See 或 Szu，高麗語或方言讀作 Ser，蒙古語作 Sirkek，滿洲語作 Sirghé。克拉勒羅特以此字爲希臘語 Sēr（蠶之意），Sērēs（義爲製造絲絹的人）二字所由生，由是而有 Sericum（義爲絲）一字(Mem. rel. à L'Asie, III, 265)。吾人觀於此字之韃靼字形 (Tartar forms)，知 Sericum 一字殆是最初傳入於希臘者，而 Ser, Seres 二字，則又殆由此字蛻變而來，用作形容詞也。Deguignes 氏引申此意，謂希伯來以賽亞書 (Hebrew of Isaiah)，第十九卷第九章中之 Sherikoth 一字，乃絲之義；並以此字即爲阿拉伯語之 Sarangat。據 Freytag 氏之說，此 Sherikoth 字，義爲一長條白絲，有時亦作普通之絲解（Mem. de L'Acad. des Insc. XLVI, 575.）Pardessue 氏在 Mem. de L'Acad. de Insc., XV. p. 3 謂波斯人稱絲爲 Sir。但吾未能發現其證據。Sarah，及前引阿拉伯語之 Saragat 二字，均爲一條白絲（a stripe of white silk）之意也（F. Johnston's Dict.）。（註四）

（五）日本學者飯島忠夫謂：絲字，在希臘語稱爲 Ser，波斯語稱爲 Saragh, Sarah。亞美尼亞（Armenia）語則稱爲 Seram。此諸字均與 Seres, Sera 有連帶之關係。尤其是唐代大秦景教流行中國碑碑文中，稱長安爲 Saragh，完全與波斯語稱絲之 Saragh 一字相同。吾人對不論其究由絲綢之名轉爲其產地之名，抑由產地之名轉爲產物之名；但在中國之古語中，並無類似 Seres, Sera 等字之音，以稱呼其自國之名及其所產之絲綢，故 Seres, Sera 等字，殆由住於中國與希臘之間的外族所創製以稱呼中國及絲綢者。蓋中國與絲綢在古代西方人士之心目中，原屬一而二，二而一，不能分離而考之者也。（註五）

（六）日本學者石田幹之助謂：希臘人稱中國名產之絲綢爲 Ser（Serikon），羅馬人稱絲綢則爲 Sericum。Seres, Serice 二字，乃由 Ser（Serikon）Sericum 二字孳生而來。世人動輒以爲義爲絲綢之 Ser（Serikon），Sericum 二字，反由 Seres, Serice 二字而生。此種見解，實不正確。然則，Ser, Serikon, Sericum 諸字，果從何種語言轉訛而來乎？對此欲加以嚴密之斷定，雖屬困難；然如前此多數學者謂此乃由中國語言轉變而來之說，則屬錯誤。以吾數之，Ser, Serikon, Sericum 諸字殆由古代在中國之西部販賣絲綢與更西的商人之阿爾泰語民族（註六）對於絲綢之稱號轉變而來。蒙古語稱絲綢爲 Sirghek，滿洲語稱絲綢爲 Sirge。蒙古之 Sirghek，似由蒙語義爲微黃之 Siragha, Sharagha 二字孳生而來，蓋生絲微帶黃色，蒙人因其色澤，遂有此訛借也。古代波斯語稱絲綢爲 Saragh，此亦是由上舉諸阿爾泰語假借而來者。土耳其語稱黃色爲 Sarigh，此字在昔時或有微黃之義，未可知也；又由此字或已孳生另一字以稱絲綢，亦未可知也。現今俄國語稱絲綢爲 Shilku，此亦從阿爾泰語中之一字直接假借而來者，並非由希臘語等蛻變而生也。（註七）

（七）張星烺謂：「塞爾（Ser）蟲，即蠶也。塞兒二字，速讀之，亦與吳越兩地人蠶字之讀音相似。希臘文塞兒或即來自中國，亦未可知。賽里斯國名，原亦來自塞兒，其末尾之斯字，則希臘人及拉丁人語尾之音也。盧白魯克紀行書載契丹人稱絲爲賽里克（Seric），國有大城，名賽里斯，故國亦以賽里斯爲號。克拉勃羅德（Klaproth）謂賽里斯實來自絲字，古代人以出產品而名其國者也。」（註八）

綜觀前引諸說，除拉克伯里之說，支解字形，強爲比附，毫無足取外，其餘六說，大都就語言學之立場，以爲論斷；而於中國字音，未遑深考，徒以晚近絲字音讀之形式，粗略校量，或以爲合，或以爲否，皆不免隔靴搔癢之談。蓋絲綢西傳，既在先秦之世，則彼方所名，是否即取中國絲字或其他義類相通之字之音讀？首須考明中國語上此等字之語源，尤須先行測定此等字在中國上古音（周漢音）中之形式，以爲考證之基礎。又販運絲絹，屬諸粟特、伊蘭、突厥、大食諸族（詳下文），最初旣經中亞西亞以入於泰西，則其語之是否採取中國之音？亦頗傳考諸族間古時語言交流之狀況，以求其譯音相對之規則；循斯規則以爲斷，其苟相合，雖頗輾轉傳訛，而亦不無蹤跡可尋焉。克拉勃羅特乃最初主張 Ser, Sericum 諸語源，出於中國絲字者；但謂古代邊境方言絲字之末，附有 -r 之音，讀如 seur；立論未充，近於臆斷。洛佛爾指斥其所說絲字之末附有 -r 一音之錯誤，遂一反其說，謂希臘 -er, Seria, Seres 諸字之語源，乃出自伊蘭語，又謂伊蘭、蒙古、滿洲諸語稱絲之字，與中國絲字之音，並無連帶關係。實則洛佛爾所謂使用語尾 -r 聯屬於名詞，乃近代中國語之事，古代則絕無語尾 r 一子音者，此與古代中國語之眞相，適得其反。案廣韻曷、末、質、術諸韻之字（山臻兩攝之入聲字），閩粵語收 -t，日本漢音收 tsu（ツ），日本吳音收 -chi（チ），而在高麗譯音，以 -l 爲其收尾音。今所見關於唐五代西北方音之漢藏對音千字文、大乘中宗見解、阿彌陀經、金剛經，此等字幾全以 -r 爲收尾，甚近於高麗譯音之系統。不獨此也，唐代陀羅尼譯音及他種中亞語言（粟特語、突厥語、中古波斯語等）中，亦有類似之現象，如以「薩」字譯 "sar"，「達」字譯 "dhar." "tar." 「密」字譯 "mir." 「勿」字譯 "var." 之類。可見 -r 之收尾音，在唐代西北等處方音中，實甚普遍。（註九）惟此等入聲字之收尾音 -r，或由 -t→-d→-g 之歷程而轉變，以致消失；此則言語音史者所應討論，姑置勿談。中國中古音中，收尾於 -r 之子音旣甚普遍，其在上古音，更不難想像矣。近今高本漢（B. Karlgren）所擬定中國上古音系統，最足令人注意者，即上古音中幾種收尾之子音，爲後代語言中所已消失者。關於脂部之字（脂韻中脂、微、皆、灰諸韻之字），高本漢因西藏語之啓示，定爲中國上古音中，俱有 r 之收尾音。（註一〇）由此可見洛佛爾所謂中國古代並無 r 之收尾音者，絕非事實。惟洛佛爾謂蒙古、滿洲、高麗諸語稱絲之字，其語源不能在絲字上求之，而亦不反對其語源或在另一漢字；此則殊足以啓發吾人之思考。亨利玉爾謂 Sericum 一字，乃最初傳入於西方者（註），由是而有 Ser, Seres 等字之出現；其說雖未可盡信，然其對於 Ser, Seres, Sericum 等字的語源之解釋上，亦予吾人以重大之啓示。飯島忠夫謂 Seres, Sera 諸字，起源於住在希臘與中國之間之外族對於中國及絲絹之稱呼；此殆引申玉爾之說，惟對於外族何故稱中國及絲絹以 Sarag 或 Sarah 或 Seram？又此所謂外族，究爲何族？未有若何解釋，不無遺憾。石田幹之助更引申玉爾飯島二氏之說，謂 Ser, Serikon, Sericum 諸語，乃由在中國西部販賣絲絹與更西的蠻人之阿爾泰語民族對於絲絹之稱呼轉變而來，非由中國語上之音讀以演成者；又蒙古語稱絲之 Sirghek 一字，（註）乃由蒙古語徵黃之義的 Siragha, Sharagha 二字孳生而來，與中國之絲絹，似無何等之關係。石田於中國語源及語音轉變之規則，未經深考，而遽作否定之斷案，殊難令人表示贊同。要之：中國語源及其與他種語言上，究有若何關係？苟吾人未經考明中國古音在上古語中之形式，即不能得其論證之根據，而無從尋求確當之解決。彼輩僅就晚近之音，粗爲推斷，結論雖不同，而其爲糢糊影響之談則一也。至若張星烺謂「塞兒」(Ser) 之音，與吳越蠶字之音讀相似，是以證「塞爾」一語之來自中國。不審蠶字古讀爲 dzam（覃韻），絕不能有 -r 之收尾音；與其謂 Ser 之出自中國蠶字之音，毋寧謂洛佛爾所舉波斯阿拉伯等語 aprēsum, abrēsam, ibarīsam 諸字中之 -Sum, -Sam, 源出於中國之蠶字之爲愈也。是以欲討論中國語音及解決絲字等與 Ser 一類語詞究竟有何關係，必須以中國上古音（周漢音）之形式爲論證之基礎，而尤須注意於下列幾種音讀轉變之規則：

(1)關於子音之變異，以同部位相轉變爲原則，例如 n~t~d~r~ts~s~g (th) ~s (sh)等，皆屬於舌尖部位。

(2)關於子音之淸濁，轉變比較自由，例如 t~d; k~g; p~b 等。

(3)關於母音之轉變，亦較爲自由，尤其因受隣接音之影響，極易變異，例如 ia~e~i（即所謂 i-umlaut）。

(4)其他如「節縮作用」(Syn copation)，使原有之音消失；「同化作用」(assimilation)使相異之音趨於相同；「異化作用」(dissimilation) 使相同之音趨於相異；「位置轉換」(metathesis) 使原音之位置倒轉等等，皆爲音讀轉變之普遍現象。

(5)由甲種語言轉入於乙種或丙種語言之語詞，必依據於乙丙等之語言習慣（如音讀系統，文法組織之類），但往往各自變更其原來之形式，使音讀上發生轉變之現象。例如洛佛爾所舉波斯語 kimzāw, kamzā 阿拉伯語 kimzāw 等，假定由漢字「錦花」轉變而來；中國語原來之習慣應爲「花錦」，而依波斯等語之文法，則使二字倒轉。

吾人試依據此種規則來推論中國絲字之語源及其與 Sericum 等字的關係。考中國語上與絲字意義相同或相關之字，依照上古音之形試，可歸納爲下列四類：

(一)T-NG 一類 「縢」d'sng，「繩」d'i̯ɛng，「統」t'ung，「繹」di̯ak，「織」ti̯sk，「繳」ti̯ok，「締」disg，「綯」d'ôg，「絛」t'ôg，「紹」di̯og，「紬」d'i̯ôg，「綢」d'i̯ôg，「紂」d'i̯ôg，「綬」di̯ôg，「繒」tssng，「綜」tsông，「總」tsung，「績」tsiek，「續」dzi̯uk，「緧」ts'i̯ôg，「索」sâk，「縮」si̯uk，「絲」si̯sg，「繅」sog 等。(註一一)

(二)K-N 一類 「繾」k'ian，「絭」ki̯wăn，「綣」k'iwăn，「緊」ki̯ĕn，「絃」g'ien，「緄」kwsn，「綑」k'wsn，「結」kiet，「繼」kied，「縎」kwst，「紇」g'wst，「繘」gi̯wet，「裹」kwâr，「緯」gi̯wsr 等。(註一二)

(三)T-N 一類 「緣」diwan，「純」di̯wsn，「絰」d'iet，「綴」ti̯wat，「維」di̯wsr，「纂」tswàn，「纘」tswân，「紃」dzi̯wsǹ，「線」si̯an，「綫」si̯an，「紳」si̯ĕn，「絏」si̯at，「紲」siat 等。(註一三)

(四)P-N 一類 「辮」b'i̯an，「絆」pwân，「編」pien，「綍」piwst，「紼」

piwst，「絨」piwst，「綣」misn …。(註一四)各類所屬之字，在同一音韻形式之下，可稱為「同源語詞」(Cognate words)。絲字屬於第一類，絹字應屬於第二類（上古音 Kiwan），線字屬於第三類。若僅就 Ser 一字而言，甚近於線字之形式；惟據亨利玉爾之意，Sericum 一字，最初傳入於希臘，Ser 等字由此蛻變而來；又蒙古語稱絲之 Sirghek（或 Sirhek），滿洲語稱絹之 Sirge（或 Sirghé），波斯語稱絲之 Saragh, Sarai, 阿拉伯語稱絲之 Saragat 及希伯來語稱絲之 Sherikoth 等，皆可歸納為 s(sh)—r—g(k) 一種形式（亞美尼亞語稱絲之 Seram 殆由 Sericum 等經節縮作用而成）。吾人殆可以假定此等語詞由「線絲」二字 (Sian-Siog) 合成，由 s—n s—g 而成為 s—r—g。其他轉變，不外節縮作用，母音變異及適應各種語言之習慣而已。（中國語之「絲線」在阿爾泰語中，依其習慣稱為「線絲」，限制詞或形容詞，位在名詞之前也。）而俄羅斯語之 Solk，現代英語之 Silk，以至土耳其語稱絲之 torgu, torka 等皆不無蹤跡可尋，蓋 t~s, l~r 在子音上極易轉換也。（古波斯語稱絲絹之 ahrēsum，新波斯語 abrēsum 亞美尼亞 aprisum 等，或由「絨蠶」二字 piwst-dzam 之轉變，——在中國語原為「蠶絨」——piwst 之音經位置轉換，極有變為 aprec-, atrē, apri- 等之可能。）至於蒙古語微黃色意義之 Siragha, Sharagha 二字，及土耳其語黃色之義的 Sarigh 一字，若謂與稱絲之 Sirghek. Sirkek 等字，有連帶關係，則與其謂 Sirghek, sirkek（絲）由 Siragha Sharagha 二字孳生而來，毋寧謂 Siragha,

Sharagha 乃從 Sirghek, Sirkek 二字引衍而生；猶之「玄」（「玆」）「紅」（「絳」）「素」「紫」等字，用爲色澤之名，從吾國字形偏旁觀之，義皆取諸絲也。

（註一）H. Klaproth, Mémoires relatifs à l'Asie, Vol. III. pp. 264, 265, Asia polyglotta, p. 341; Conjecture sur l'origine du nom de la soie chez les anciens (Journal Asiatique, Vol. I. 1822, pp. 243—245)。

（註二）八年前瀏覽日本某雜志一論文，中引 Lacoupérie 氏對於 Ser, Seres 二字之解釋，謂淵源於絲字，絲從二糸，而糸則從幺從小玄；但已不復記憶日文雜誌論文之名稱，及 Lacoupérie 氏原文之名稱及其頁數矣。

（註三）B. Laufer, Irano-Sinica, pp. 537—539.

（註四）Yule, op. cit. Vol. I. XLIV.

（註五）飯島忠夫著支那古代史論，三五二頁。

（註六）阿爾泰語(Altaic languages)，通行於東三省之滿洲人，小亞細亞之土耳其人，及蒙古之蒙古人；其語爲膠著語 (agglutinate language)，語根不變，字義隨所加語尾而異，常以賓詞置於句前，而不以主詞。參閱馮雄譯 Lynn Thorndike 氏著世界文化史，二三六頁。

（註七）石田著歐人之支那研究，十九頁。

（註八）張著東西交通史料匯篇，第一冊五八頁。

（註九）羅常培著唐五代西北方音（中央研究院歷史語言研究所單刊甲種之十二），六〇——六二頁。

（註一〇）張世祿譯高本漢（B. Karlgren）著漢語詞類，二三——六三頁。

（註一一）張譯漢語詞類，一三八——一四一頁。

（註一二）張譯漢語詞類，一五八——一六二頁。

（註一三）張譯漢語詞類一七一，一七二頁。

（圖一四）亞譯漢語詞類一八六——一八九頁●

第四章　賽里斯、賽里克、賽里亞諸字的語源及其蛻變　四九

第五章　桑蠶種子之西傳及西方絲業之發展

在未論述吾國桑蠶種子西傳經過之前，請略探究在昔西方各國有無出產桑蠶之事。吾國史書列專傳而詳記葱嶺以西各國情勢者，蓋以史記大宛傳爲嚆矢。其次，則爲漢書西域傳。此二傳中最西之國爲安息、條支、黎軒、奄蔡四國。大宛傳及西域傳均紀：「自大宛以至安息國，其地皆無絲漆，不知鑄鐵器。」而晉郭璞（A. D. 276—324）元中記亦載：「大月支（即大月氏）有牛名爲日及，今日割取其肉三四斤明日瘡愈。漢人入此國，見牛不知，以爲珍異。漢人曰：吾國有蠶，大如小指，食桑葉爲人吐絲；外國人不復信有蠶也。」（註一）據此，則紀元四世紀以前，安息、月氏、大宛、康居諸國，即今波斯、阿富汗、米索不達尼亞，以及俄屬中亞，不產蠶絲可知矣。

桑葉爲蠶蟲必需之物，西域及葱嶺以西各國究竟有無出產？前引諸書，並無紀載。大唐西域記載瞿薩旦那（于闐）國在昔「未知桑蠶」；唐書西域于闐傳亦謂其地「初無桑蠶」，二書雖未明言于闐始知桑蠶之時代；然根據最近考古學上之所得，可推知于闐移植桑樹，當不在魏晉以前。維也納大學維斯納（Wiesner）教授曾以顯微鏡檢驗一八七八年在埃及出土之古代阿剌伯紙及斯坦因在和闐掘得之中國紙所含之成分，結果：阿剌伯紙爲敝布（rag）所製成，而中國紙之成分，雖混有少許之敝布；但其主要原料，乃是桑柱等雙子葉植物之皮。維斯納教授對此並加以解釋，謂中國紙工雖將造紙術傳入於撒馬兒罕；（註二）然在撒馬兒罕附近，缺乏最重要的造紙原料之桑樹，故不得已以敝布替代而造紙。其後，經驗漸富，遂以阿剌伯最豐富之敝布爲造紙之主要原料云。（註三）考于闐與康居之間，雖有葱嶺之阻隔；然兩地交通，自漢已盛。假如于闐方面早經由中國本部移植桑樹，則康居當亦易於移植；且其移植時代，亦當距于闐移植時期不遠。果爾，則于闐移植桑樹，當在魏晉時代，或更在其後；而葱嶺以西各國初亦並無出產桑樹也。

吾人根據上述，可知魏晉以前，西域以及自大宛以至安息，均無蠶桑之利。然則，安息以西之犂靬（即大秦，亦即西史上之羅馬帝國）果如何？後漢書西域傳云：

「大秦國一名犂鞬，以在海西，亦云海西國。地方數千里，有四百餘城，小國役屬者數十。以石爲城郭，列置郵亭，皆堊塈之。有松柏諸木百草，人俗力田，多種樹蠶桑，皆髡頭而衣文繡。……其人民皆長大平正，有類中國，故謂之大秦。土多金銀奇寶，有夜光璧、明月珠、駭雞犀、珊瑚、琥珀、琉璃、琅玕、朱丹、青碧、刺金縷繡、織成金縷罽、雜色綾、作黃金塗火浣布。又有細布，或言水羊毳，野蠶繭所作也。」

此節所紀，蓋採自三國志魏志。魏志卷三○注引魚豢魏略西戎傳（按魏略是紀元三世紀中期之撰述，原書已佚，只西戎傳一篇引載於三國志卷三○的卷末。）云：

「大秦國一號犂靬，在安息條支西，大海之西。……國有小城邑合四百餘，東西南北數千里。其王治濱側河海，以石爲城郭。其土地有松、柏、槐、梓、竹、葦、楊柳、梧桐、百草。民俗田，種五穀。畜有馬、騾、驢、駱駝、桑蠶。……國出細絺，作金銀錢，金錢一當銀錢十。有織成細布，言用水羊毳，名曰海西布。此國六畜皆出水。或云，非獨用羊毛也，亦用木皮，或野繭絲作，織成氍毹毾㲪罽帳之屬，皆好。其色又鮮於海東諸國所作也。又常利得中國絲，解以爲胡綾，故數與安息諸國交市於海中。」

此爲漢籍中關於大秦出產桑蠶繭絲綾布之最早的紀載。此後晉書卷九十七，大秦傳（列傳第六十七）；魏書卷一〇二，大秦傳（列傳第九十）；宋史卷四百九十，拂林傳（列傳第二百四十九）。及文獻通考卷三百三十九，四裔考十六，大秦條，均有與此相類似之記載，茲不具引。考西域傳與魏略西戎傳所記，大秦卽古代希臘羅馬暨地中海東南沿岸各地之民風物產，因東西海山遙隔，難知眞相，自不敢必其皆確實可靠；惟傳中所述大秦出產野蠶繭絲及綾布一節，則證之希臘大儒亞理士多德 (Aristotle, B. C. 384—322) 所著動物志 (De Animal, Hist.) 及羅馬博物學家普林尼所著博物志二書中亦均有關於古代希臘羅馬出產繭絲之記載，其事蓋信而有徵也。

亞理士多德在動物志第五卷第十九章，紀載希臘出產蠶繭之事云：

「有一大蟲，微有觸角，與其他蟲類不同。此蟲最初蛻變爲毛蟲（蛾之幼蟲，caterpillar)，繭則蛻變爲 bombylius，最後蛻變爲 Necydalus（即 chrysalis，繭），前後蛻變，共需時六月。婦女濯取其繭而繅出其絲，然後以之織成衣料。開最初利用此物織成衣料者，爲可斯島（Cos）人柏拉特（Plates）之女龐費（Pamphile）氏云。」（註四）

普林尼在博物志第十一卷第二十五、二十六章亦有紀云：

「（在諸蟲）中有一第四種之蠶蛾（bombyx），產於亞敍利亞（Assyria），較吾前既述及者爲大。此蠶以土作巢，其色如鹽，緊附於石上。蠶巢甚硬，尖銳之器，殆不能貫穿之。巢中之蜡，較蜂所釀者尤富；而其蛹亦較大焉。」（二十五章）

「有一更大之蟲，微有兩個特殊的觸角。此蟲最初蛻變爲毛蟲（caterpiller,），嗣蛻變爲 bombylius，繼又蛻化爲 necydalus（繭、蛹），最後蛻變爲蠶蛾（bombyx），共需時六月。此蟲營造網巢，有如蜘蛛。婦女衣服，及其奢侈品，賚以製造，稱爲 Bombycina。最初發明取繭繅絲，並以之織成衣料之方法者，乃可斯（Coes）地方拉道斯（Latcus）之女龐費拉（Pamphila）其人云。」（二十六章）（註五）

按亞理士多德、普林尼二氏所紀，乃同屬一事，蓋普林尼沿襲亞里士多德之說而稍加補充者也。大英百科全書編者謂亞理士多德動物志中關於蠶繭之知識，殆得自希臘人及亞歷山大之報告。在亞歷山大以前，生絲必已輸入於可斯（Cos）島上，而織爲精緻的著名的 Cos Vestis。（註六）其意蓋謂可斯島之 Bombycina，乃屬中國絲綢之一種，由外地傳來，而非希臘所製產。其實，亞理士多德動物志中所述者，固純爲希臘本國出產之繭絲，而產此繭絲者，乃屬野蠶之一種；且亞理士多德對於 Coan textiles 之來源，絕未說及其傳自東方。據泰羅氏(Consul Taylor)之說，現今底格里斯(Tigris)河畔札之拉(Jazirah)地方之婦女，尚採取此野蠶(Assyrian Bombyx)之繭絲，織製衣料；(註七)則古代羅馬帝國境內出產野蠶繭絲之事，實無疑義矣。

羅馬帝國境內所產者乃野蠶繭絲，而非如中國絲絹，旣如上述。茲進而論述吾國桑蠶種子之西傳。

蠶絲爲吾國特產，歷代政府對之異常珍視，不肯輕易將蠶種傳之外國。外國傳得吾國桑蠶種子者，似以日本爲最早。據日本史籍所紀，蠶種在仲哀天皇(十四代天皇)八年頃(紀元一九九年，後漢獻帝建安四年)，卽已由百濟人傳入日本。(註八)惟日本古史紀年，多不可靠，蠶種東傳，當無如是之早；但至遲亦不出三世紀以後，蓋三國志、魏志、倭人傳中曾紀其國出產「紵麻蠶桑，緝績出細紵縑緜」故也。(註九)

史籍中最初紀載桑蠶種子西傳者，爲玄奘與辨機共撰之大唐西域記。書中紀瞿薩旦那(卽于闐)之物產及其蠶業之源始云：

「瞿薩旦那國(Gostana, or Khotan)周四千餘里，沙磧太半，壤土隘狹，宜穀稼，多衆果。出氍毹細氈，工紡織絁紬。……少服毛褐氈裘，多衣絁紬白氎，儀形有禮。」

「（瞿薩旦那國）王城東南五六里，有麻射僧伽藍，此國先王妃所立也。昔者，此國（瞿薩旦那國）未知桑蠶，聞東國（蓋指中國言）有也，命使以求。時東國君祕而不賜，嚴敕關防，無令桑蠶種出也。瞿薩旦那王乃卑辭下禮，求婚東國，國君有懷遠之志，遂允其請。瞿薩旦那命使迎婦，而誡曰：「爾致辭東國君女，我國素無絲綿。蠶桑種子，可以持來，自爲裳服。」女聞其言，密求其種，以桑蠶之子，置帽絮中。既至關防，主者遍索，唯王女帽不敢以檢，遂入瞿薩旦那國，止麻射伽藍故地，方備儀禮，奉迎入宮。以桑蠶種留於此地。陽春告始，乃植其桑。蠶月既臨，復事採養。初至也，尚以雜葉飼之。自時厥後，桑樹連陰，王妃乃刻石爲制。不令傷殺。蠶蛾飛盡，乃得治繭。敢有犯違，明神不祐。遂爲先蠶，建此伽藍。數株枯桑，云是本種之樹也。故今此國有蠶不殺，竊有取絲者，來年輒不宜蠶。」（註一〇）

其後，新唐書卷二二一上西域傳于闐條，沿襲此說，紀其事云：

「于闐或曰瞿薩旦那，亦曰渙那，曰屈丹北狄，曰于遁諸胡，曰豁旦。自漢武帝以來，中國詔書符節，其王傳以相授。人喜歌舞，工紡績。初無桑蠶，丐鄰國，不肯出，其王即求婚，許之。將迎，乃告曰：國無帛，可持蠶，自爲衣。女聞，置蠶帽絮中，關守不敢驗。自是始有蠶。女刻石約無殺，蠶蛾飛盡，得治繭。」

滿美儒洛克喜爾（W. W. Rockhill）在其所著佛陀傳（The Life of the Buddha）附錄之于闐

第五章　桑蠶種子之西傳及西方絲業之發展　五五

史中，亦有與此傳說相同之記載。(註一一)此種傳說，不惟見於載籍，亦且現諸繪畫。一九〇〇年，斯坦因在和闐丹丹烏里克(Dandan Oilik)之古廟廢址中，發現一八世紀頃之木額彩畫。畫版中央繪一盛裝貴婦，坐於其間，頭帶高冕，女郎二人跪於兩旁。左邊侍女以左手指貴婦人之冕。畫版左端有一籃，其中盛滿形同果實之物。右端有一多面形之物。據斯氏之考定，畫中貴婦人，即東國之公主。女侍手指貴婦人之冕，蓋示冕下隱藏之物，即公主從中國私偷而來之蠶種。左端籃中所盛者，即爲蠶繭。右端所畫多面形之物，即紡絲用之紡車也。(註一二)

此種桑蠶種子傳入于闐之傳說，究竟始於何時？又東國公主下嫁，果爲何時之事？史無明文，殊難遽斷。惟據洛佛爾(Laufer)之說，紀元四一九年(晉恭帝元熙元年，魏明帝泰常四年)，有中國公主下嫁于闐，將蠶種傳入。(註一三)果此四一九年中國公主下嫁于闐事即爲傳聞方面所傳之事，則桑蠶種子之傳入于闐，乃在五世紀初期矣。其次，玄奘遊覽麻射僧伽藍時，尚見「數株枯桑」，「云是本種之樹」。以此推論，則于闐傳得桑蠶，當在玄奘西遊(紀元六二九年)前一二百年間也。(註一四)

蠶種傳入于闐後，不久即傳至葉爾羌(Yarkand)及鏺汗(Ferghana)。其傳入波斯，係在薩珊王朝(Sassanian epoch)末年(即七世紀中期)。(註一五)波斯在未傳得養蠶繅絲方法之前，其國內紡織工業，早已相當發達。波斯紡織品中最著名者，爲用金銀絲線織成之波斯錦

(Persian Brocades)。阿發斯達一書中(Avesta, Zaranaēne upasterene, Yast XV, 2.)曾紀載波斯之金織地毯(Gold rugs)，並謂波斯王薛西斯第一(Xerxes I. 原名 Khsayarsha，在位，B. C. 485—465)曾賜予阿布得拉市民(Citizens of Abdera)以一金織冠冕。而亞歷山大王時代(B. C. 356—323)之歷史家對於此種波斯紡織品，亦曾舉述不少之例證。(註一六)其次，吾國史籍中頗有關於波斯錦之記載。如魏書卷一〇二西域傳波斯條，紀其國出產綾錦、疊毼、氍毹、毾㲪。其王戴金花冠，衣錦袍，織成帔，飾以珍珠寶物。此外，周書卷五〇異域傳下，隋書卷八三西域傳，舊唐書卷一九八西域傳，梁書卷五四西北諸戎傳，大唐西域記卷十一波剌斯國條，亦均有與此相類似之記載。中古波斯語(Middle-Persian)稱錦為 dīb，或 dēp。新波斯語(New-Persian)稱錦為 dībā，或 dībāh。dīb 及 dēp 之義，為絲織錦(silk brocade，即經緯皆用絲織成之采錦。) dībā 及 dībāh 之義，為金絲織物(gold-tissue)，蓋即魏書西域傳，周書異域傳，及隋書西域傳中之「疊」、「疊毼」、「白疊」也。據舉普斐民(E. Kampfer)之說，古代波斯王宮中，有一特為紡織絲織物、金織物、及銀織物(the weaving of silken, gold, and silver fabrics)之工場，稱為 siār bāf xāne (Amoenitatum exoticarum fasciculi, v. p. 128)。(註一七)此絲織工場所用絲料，雖未明言其來自，然數之古代唯吾國出產蠶絲，則其原料輸自中夏，殆無疑義。迨蠶種傳入波斯後，波斯絲織工業，益為發達，尤以吉蘭(Gilan)地方為最。其地養蠶之風，迄今猶盛焉。(註一八)

關於桑蠶傳入羅馬事，東羅馬史學家普洛科匹阿斯（Procopius，希臘語原名爲 Prokopius，又作 Procope, A. D. 490—562，一說，A. D. 500—565, Byzantium 人。曾任東羅馬帝國名將 Belisarius 之祕書，從征波斯及東哥德 Goths 王國。著有 de bello Persico；de bello Gothico 等書，以紀載翔實著名）在其所著 de bello Gothico 一書中第四卷十七章，曾有如下之紀述：

「同時，有印度國僧人抵君士坦丁堡，探悉查士丁皇帝（Emperor Justinian，在位，A. D. 527—565）心中甚欲羅馬人以後不再自波斯人購買絲貨，乃見帝獻策，可使羅馬人不再自波斯或他國購買絲貨。據其人自云：嘗居賽林達國（Serinda）甚久，其地有印度人甚衆。居其國時，嘗悉心研究如何可使羅馬境內，亦得產絲。查士丁皇帝聞言，乃詳問如何可使其法成功。印度僧人告以產絲者乃一種蟲也。絲自蟲口中天然吐出，不須人力。欲由其國取蟲至羅馬，斷不可能；然有法可孵化之也。一蟲所產之卵，不可勝數。卵生後多時，尚可掩以糞，生温，使之孵化也。皇帝既聞其語，允許功成以後，將重賞之。諸僧乃回印度取其卵，而復至拜占庭（Byzantium）。依其法行之，果得蠶甚多，以桑葉養之。由是羅馬帝國境內亦知製絲方法矣。」（註一九）

又紀元六世紀末，拜占庭人提奧方尼斯（Theophanes）之著述中，對此亦有類似之紀載云：

「查士丁皇帝在位時，有波斯人某至拜占庭傳示蠶之生養方法，蓋爲以前羅馬人未知悉者也。波斯人某，嘗居賽里斯國（S res），歸國時，藏蠶子於行路杖中，後攜至拜占庭。春初之際，置蠶卵於桑葉上，蓋此葉爲其最佳之食品也。後生蟲，飼葉而長大，發生兩翼，可以飛也。查士丁皇帝後示突厥人以養蠶吐絲之法，突厥人大驚；蓋是時賽里斯人經商諸市場港埠，前爲波斯人所據者，後皆爲突厥人所攘奪也。」（註二〇）

普洛科匹阿斯書中所稱之印度僧人，據美國東洋學者卡忒（Thomas Francis Carter）之說，乃聶景教僧（Nestorian priests）。（註二一）而英國史學家吉本（Edward Gibbon, 1737—1794）則以彼等爲波斯之基督教僧，或嘗僑居中國首都南京甚久；並謂彼等宗教之熱忱，勝於其愛護祖國之心，遂將養蠶製絲之法，獻於查士丁皇帝云。（註二二）

在桑蠶種子未傳入歐洲之前，羅馬帝國境內之紡織，原頗發達。羅馬人最喜歡穿半透明的絲織輕紗。彼等因缺乏蠶絲之故，一方由中國輸入生絲；一方由中國輸入緻密的絲織物，解以爲胡綾紺紋之類。（註二三）羅馬帝國境內之絲織工業，以敍利亞之 Berytus Tyre, Sidon, Gaza, 與埃及之 Memphis, Alexandria 等地爲最盛。當時吾國絲絹西輸，不僅使販運絲絹之商人獲得厚利；且使敍利亞與埃及之重要的製造工業，得到紡織的原料。（註二四）查士丁皇帝傳得吾國蠶桑後，在君士坦丁堡（Constantinople）（卽拜占庭）皇宮內建立機織工場，使女工從事織造。皇帝且獨佔製造及販賣絲絹之權。（註二五）羅馬帝國境內之絲織業，在查士丁皇帝獎勵誘掖之下，日益發達，遐邇著聞。粟特使節（Sogdoite ambassadors）且認其育蠶製絲之術，足與中國人並駕齊驅。（註二六）迨薩拉森人（Saracens）興起，掌握歐亞之商權，絲織物隨之傳播於東西各處彼輩在小亞細亞之繁盛地方，擴展絲絹之販賣；並傳移蠶業於西西利島（Sicily）上，從此歐洲方面，亦有蠶桑之業。十二世紀時，著作家 Ordericus Vitalis 氏（歿於十二世紀上半期）紀述 Normandy St. Evroul 地方主教會從意大利南部亞蒲利亞（Apulia）地方攜回絲綃數四，以其中之最佳者，爲其屬下有僧正座席的資格之誦禱者（cathedral chanters）裁製外袍四件云。（註二七）據此可知意大利南部地方在十二世紀以前，絲織業已相當發達矣。

育蠶製絲之業，由意大利南部復傳入佛羅蘭斯（Florence），米蘭（Milan），熱內亞（Genoa），及威尼斯（Venice）等地。中古時期，此等地方均以出產絲織物，著聞於世。一四八〇年，法王路易十一（Louis XI. 在位，1461—1483），始經營絲織業於杜爾（Tours）地方。一五二〇年，法王法蘭錫一世（Francis I. 在位，1515—1547），從米蘭傳入蠶種，飼養於羅尼河流域（Rhone Valley）。迨十七世紀之初，法王路易十三（Louis XIII，在位，1610—1643）屢下獎勵蠶桑之敕令，蠶桑之業，爲之促進。然法國蠶桑事業，在科爾伯特（Jean Baptiste Colbert, 1619—1683，法國大政治家，大財政家）竭力獎勵種桑之前，固未能謂已有堅強之基礎也。

絲織業傳入英國，乃在亨利第六（Henry VI. 在位，1422—1461）之世。然在十六世紀之末，此業始見發達。一五八五年，有大幫技術熟練之佛來米斯（Flemish）織工，因不堪西班工人之壓迫，由 Low Countries 地方逃入英國，英國絲織業之進步，彼輩實與有力。在約一世紀之後，歐洲宗教紛爭，對於英格蘭絲絹工業之發展，實予以最有力的推動力。蓋寧特斯勅令 (the edict of Nantes) 廢止後，法國大幫技術精良之織工，移居於瑞士、德國、及英格蘭。此等技工將絲織技術傳於上述各國，至於今日，尚成爲法國絲織業之勁敵。法國新教派之織工大半移殖於斯匹塔飛咨 (Spitafields) 地方。一六○二年，卽巳有絲業工人團體組織成立於倫敦。英王詹姆士一世 (James I. 在位，1603—1625) 對於國立及殖民地之種桑育蠶事業，獎勵扶植，不遺餘力。一七一八年之前，英國絲織業，尚依賴歐陸方面巳繅之絲，以爲織造之用。一七一八年，德貝 (Lomb of Derby) 變裝一普通工人，進入意大利某繅絲工場，繪製繅絲器械圖式。彼歸國後，得政府之補助金，在德文特 (Derwent) 之河畔，仿照圖式建造最初的英國繅絲工場。一八二五年，不列顛、愛爾蘭及殖民地絲絹公司 (The British, Irish and Colonial Silk Company) 組織成立，資本一百萬鎊。其主要目的，在移轉絲業於愛爾蘭；然此種企圖巳完全失敗，而養蠶事業迄今尚未能謂巳成爲英國工業之一部門焉。

一五二二年頃，科德司 (Fernando Cortez or Cortes, 1485—1547 西班牙之征服墨西哥者。一五○四年，赴西印度。一五一一年，爲古巴太守 Diego Velasquez 之部下。一五一八年，奉 Velasquez 之命，遠征墨西哥。一五二○年，征服全墨西哥。一五二三年，由班王加第一世—Carlos I.—任爲新西班牙 Nova Hispania 總督）派定官員從西班牙移植桑樹及蠶種於新西班牙（New Spain，即墨西哥）。阿科斯塔（Acosta）對此曾有紀述，據謂十六世紀末，新西班牙之桑蠶業即已衰微而至於絕跡云。

一六〇九年，英王詹姆士一世曾欲復興蠶桑業於美洲大陸；但其最初之努力，以遭遇沉船而失敗。一六一九年，蠶桑業因得維基尼恩（Virginian）殖民積極經營之故，終於在美陸移殖成功。蠶業傳入美洲後，當地政府特制定法令，加以維護。並給予保護金及酬償金，以獎勵之；同時，印布短篇論文及狂文的韻詩（rhapsodical rhymes），以鼓舞之。（註二八）故在獨立戰爭（一七七五——一七八三）時，美國蠶業即已相當發達矣。（註二九）

西方絲業之發展，已略如前述，茲再簡敘東西絲絹之貿易。

漢代吾國對外輸出之貨物，以絲絹及其製成品如綢緞之類爲主要。漢書地理志載譯長及應募者入海市明珠、璧流離、奇石、異物、齎黃金雜繒而往。當時賴以換取外國貨品者，厥爲黃金與雜繒，則絲織物在輸出品中之位置，其重要可知矣。魏晉以降，絲絹布綿，加入租稅範圍，作爲戶調一項之稅品。（註三〇）其時絲織物在輸出國外商品中之位置，雖無明文可考；然徵之當日絲織工業之日見發達，則其仍佔輸出商品之首要位置，殆無疑問。迨及唐宋，絲織物爲對外輸出之大宗。如冊府元龜卷九九九，外臣部互市載：

「開元（德宗）建中元年十月六日，勅諸錦罽、綾、羅、縠、綉、織成細紬絲布、犛牛尾、珍珠、銀、銅、鐵，並不得與諸蕃互市。」

唐律疏議卷八，衞禁物私度關疏議云：

「錦、綾、羅、縠、紬綿絹、絲布、犛牛尾、眞珠、金、銀、鐵，並不得度西邊北邊諸關，及至緣邊諸州興易。」

又宋史卷一八六，食貨志互市舶法條云：

「開寶四年（A. D. 971），置市舶司於廣州。……以金銀、緡錢、鉛錫、雜色帛、瓷器、市香藥等。

是其明證。此事在外籍方面，亦得求其例證。阿拉伯人蘇萊曼（Sulayman）在八五一年頃，東遊印度及吾國，歸作東遊記（Voyage Du Marchand Asabe Sulayman，書中屢言中國輸出品以絲織品爲大宗。而 Siraf 人阿蒲齊特赫生（Abu Zayd Hasan）於九一六年頃，撰蘇萊曼東遊記補註一卷，書中亦以黃巢攻入廣州時（A. D. 878）斫盡廣州城內外之桑樹爲重大事件，以之與黃巢殺人同視；且謂桑樹既已砍去，中國對外的尤其是對阿拉伯的絲綢出口事業，卽隨之消滅云云。（註三十）可知外人心目中對於絲織物貿易注意之深切，而絲織物在國際貿易上所佔地位之重要，亦由是可推知之矣。

在蠶桑種子未傳入歐洲之前（卽六世紀上半期以前），歐洲人所用之絲絹，殆全由吾國輸入，有時其價值竟與黃金並重。迨蠶種西傳後，歐洲各國絲業遂漸發達，因之絲絹輸歐之量，未能與日俱增。文藝復興時代，中國絲綢在歐洲之消費區域，亦尚不出意大利之境外。然自十七世紀以降，絲絹輸入歐洲之量，隨着東方貿易之發展，頓見增加。結果，價格忽落，而消費範圍，則急遽擴大。當時絲絹之價格雖低落；但因消費者之增多，絲絹商人獲利仍甚大。如一六九一年五月二十八日，法國東印度公司(Compagnie des Indes Orientales)之販賣簿上，紀載以三萬二千 livres（一七九五年以前，法國之銀幣名，其量與現在之法郎 france 相同。）購得之絹綵，賣得九萬七千 livres，可爲明證。其後，絲絹商人之間，互相競爭；惟尚能保持百分之十的純益。若直接往中國南京附近採購，則可減免中國及印度等地中間商人之抽剝，百分之二十的純益，亦不難獲得。十八世紀以還，絲絹西輸之量益大。據 Savary 氏在其著商辭書(Dictionnaire Universel)之紀述，當時絲商所得之純益，至少亦有百分之百。法國一國之消費額，佔全歐洲消費額的四分之三；巴黎在歐洲成爲絲織物流行之中心地，而服飾之材料方面，新的中國風趣，亦由錫爾(Seine)河畔之都市傳布於各地焉。

十七世紀時，歐洲最喜用之中國絹布，以曾經畫工畫有紋樣者居首。其後，則以模型染印之絲織更紗(印花)爲多。此種絲織更紗，原祇賴中國輸入；但後來法國、荷蘭、法蘭德爾(Flanders，今比利時之一省)先後仿製，技術日精，工場日增，其製品之優良，足與輸入品抗衡。尤其是法國在科爾伯特(Colbert)及其後繼者盧福亞(Louvois)採取重商主義的保護政策之際，國貨獎勵之聲，高唱入雲，政府對於中國絲織更紗之輸入，時頒制限之令，有時竟完全禁止輸入。此禁制輸入之命令，更足以刺激優秀的國內製品之出產。絲織更紗之外，尚有綢綴之絲織品，亦爲當時輸入歐洲之商品。歐人因仿製中國絲織品，喜用中國之染料，故梔子及其他之新染料，亦由東方輸入。同時，中國之刺繡在歐洲亦頗受歡迎。因此，從來盛行之granada式繡法，即所謂「平針」(smooth sewing)之繡法，爲Alais附近興起之「堆絲」(floss silk)的繡法所壓倒。此種繡法實受中國之影響。其特色，在於用豐富的金絲銀絲，縱橫驅使短刺(short stitch)以繡之。其次，更紗與刺繡並用，及繪畫與刺繡並用之絲織物，亦爲歐人所喜用。後者謂之「針繪」(needle painting)，其興盛有凌駕當時盛行之哥布蘭(Gobelin)織物之勢焉。(註三)

(註一)古今圖書集成，禽蟲典，第一六七卷所引。

(註二)撒馬兒罕(Samarkand)，即漢代之康居。按中國造紙術傳入撒馬兒罕，係在七八一年(唐玄宗天寶十年)。是時，高仙芝軍在怛羅斯(Thoraz，在今Talas河畔之Aulieh-Ata城)爲大食將軍Ziyad所敗，唐軍被俘者甚衆，其中有能造紙者，Ziyad即令其在撒馬兒罕設廠造紙，是爲中國造紙術西傳之始。

(註三)Hoernle, Who was the Inventor of Rag-Paper? (J. R. A. S. 1903)；桑原隲藏著紙之歷史(東洋文明史論叢，一三一——一一八頁)。

(註四)Yule, op. cit., Vol. I. CLV; The Encyclopaedia Britannica, Vol. XXV. p. 97.

(註五)Yule, op cit., Vol. I. CLIV-CLV.

(註六)The Encyclopaedia Britannica, Vol. XXV. p. 97.

(註七)Yule, op. cit., Vol. I. CLVI; Hudson, Europe and China, p. 60.

(註八)日本書記，卷八；三代實錄；姓氏錄。

第五章　桑蠶絲業之西傳及西方絲業之發展　　六五

（註九）日本在應神天皇時代（大體可認為紀元四世紀中葉，或其後半），因樂浪、帶方二郡之秦人漢人歸化，養[illegible]業，頗形發達。參閱木宮泰彥著中日交通史，上卷，五十五頁。

（註一〇）大唐西域記，卷十二，瞿薩旦那條。

（註一一）W. Rockhill. The Life of the Buddha, pp. 238, 239.

（註一二）向譯斯坦因西域考古記，四五頁。原書影本見同書四十六頁，插圖第三十一。又此木額彩畫，斯坦因根據此地發掘同時出土的文書之年代，斷為八世紀時之遺物。見氏著 Ancient Khotan, p. 277.

（註一三）Laufer, op. cit., p. 537.

（註一四）Hudson 氏亦謂養蠶術在紀元三世紀初至六世紀中葉之間，傳入羅馬，見氏著 Europe and China, p. 91.

（註一五）Laufer, op. cit., p. 537.

（註一六）Laufer, op. cit., p. 488.

（註一七）Laufer, op. cit., pp. 488, 489.

（註一八）Laufer, op. cit., p. 537.

（註一九）Yule, op. cit., Vol. I, CLIX, note, 7; 張著中西交通史料匯篇，第一册，七六頁。

（註二〇）Yule, op. cit., Vol. I. CLIX, note, 7; 張著中西交通史料匯篇，第一册，七七頁。

（註二一）T. F. Carter. The Invention of Printing in China and its Spread Westward, p. 87.

（註二二）E. Gibbon. The History of Decline and Fall of the Roman Empire, edited by J. B. Bury, Vol. IV. pp. 233, 234.

（註二三）三國志魏志卷三〇，註引魚豢魏略西戎傳云：「大秦常利得中國絲，解以為胡綾，故數與安息諸國交市於海中。」又文獻通考，卷三三九，四裔考十六，大秦條云：「有織成細布，言用水羊毛，名曰海西布，作氍毹罽毲之屬，其色又鮮於海東諸國所作也。又常利得中國縑素，解以為胡綾、紺紋，數與安息諸胡交市於海中。」而 Pliny 在其所著 Natural History. 第六卷第二十章亦有類似之紀載云：“The-Seres send to Rome ‘the fleecy product of their forest and thus furnish our women with the double task of first unravelling and then reweaving the threads. . . . and all that a Roman lady may exhibit her charms in transparent gauze."

（註二四）Hudson, op. cit., pp. 78, 91.

（註二五）The Encyclopaedia Britannica, Vol. XXV, p. 97.

（註二六）Gibbon, The History of Decline and Fall of the Roman Empire, Vol. IV. p. 234.

（註二七）The Encyclopaedia Britannica. Vol. XXV, p. 97.

（註二八）茲舉狂文的韻詩之一例，以概其餘：

"Where Wormes and Food doe naturally abound
A gallant Silken Trade must there be found
Virginia excels the World in both—
Envie nor malice can gaine say this troth."

（註二九）本章敍述各國絲業發達之經過，多根據 The Encyclopaedia Britannica, Vol. XXV. pp. 97, 98.

（註三〇）歷代稅物，大抵爲現物與貨幣兩種。然此所謂現物，以土地所出產的粟米爲主。魏晉以降，絲綢布綿，始歸入租稅的範圍，作爲戶調一項之稅物。曹魏時，法令規定戶調絹二匹，絮二斤，絲一斤（魏書卷一一〇，食貨志）。西晉戶調絹三匹三斤，東晉戶調布絹各二丈，絲三兩，綿八兩。宋爲「齊庫上絹，年調鉅萬匹，綿亦稱此。」（宋書卷八二，沈懷文傳）陳則「夏調綿絹絲布麥等，五年迄七年逋貲絹，悉皆原之」（陳書卷五，宣帝紀）。北魏是一夫一婦帛一匹，粟二石。北齊是人一牀（即是夫婦二人）調絹一匹，綿八兩，凡十斤綿中，折一斤作絲。西魏是「有室者歲不過絹一匹，綿八兩，粟五斛，丁者半之。其非桑土，有室者布一匹，麻十斤，丁者又半之」（隋書卷二四，食貨志）。隋唐亦不外絹布。可見絲綢布綿等絲麻工業品，爲當時戶調一項稅物之主要者。

（註三一）蘇萊曼東遊記（Voyage Du Marchand Asabe Sulayman）原書第二卷六三、六四頁；又北平地學雜誌第十七卷第一期一三九頁（民國十八年出版），劉半農、劉小蕙合譯蘇萊曼東遊記。

（註四二）Hudson, op. cit., p. 259. A. Reichwein, China and Europe: Intellectual and Artistic Contacts in the Eighteenth Century, p. 37. 石田幹之助著支那文化與西方文化之交流，一二五——一二七頁（岩波東洋思潮講座之一種）。

第六章 古代販運絲絹之民族

古代吾國絲絹循海陸兩路西傳各節，已備述於前。玆所欲論者，則古代販運絲絹之商人，果爲何種民族？又彼等販運絲絹，曾採取若何方策乎？關於此事，因古今時移勢易，民族興亡，至極頻繁；而載籍所紀，又復語焉不詳，吾人殊難作一詳確之敍述。今僅就其重要者，簡敍如次。

(一)伊蘭民族　現今波斯、阿富汗、俾路支、以及俄屬中亞南部諸地，自昔爲伊蘭民族(Iranian)所據。從紀元前六世紀後半期，伊蘭人波斯部酋長凱洛斯(Kyrous, or Kyrus)建立波斯帝國起，至紀元後七世紀前半期，阿拉伯人武力征服波斯全國止，其間一千二百餘年，除一度爲亞力山大所滅，服屬於希臘民族勢力之下外(B. C. 330—B. C. 248)，其餘皆爲伊蘭民族獨自建國時期。伊蘭民族獨自建國，前後共有三朝代；一爲阿克姆尼雅王朝(Acaemenia)，起於紀元前五五八年，終於紀元前三三〇年，凡二百二十八年，約當我國春秋戰國之世。二爲安息王朝(Arsacia)，起於紀元前二五〇年，終於紀元後二二四年，凡四百七十四年，與我國秦漢兩朝同時。三爲薩珊王朝(Sasanian)，起於紀元二二五年，終於紀元六五一年，凡四百二十五年，約當我國魏晉南北朝以迄唐初。阿克姆尼雅王朝時代，波斯國勢甚盛，東至印度河，南至埃及南部，西至地中海，北至裏海及黑海，俱歸服屬。安息王朝及薩珊王朝時代之波斯，其勢力雖不及阿克姆尼雅王朝之盛；然其西部領土尚保有米索不達米亞，屹然爲中亞、西亞之大國，長爲羅馬帝國之勁敵。漢武帝時，張騫遣副使使安息，其王令將二萬騎迎於東界。漢使還時，其王復發使隨漢使來漢觀光，以大鳥卵及犂靬善眩人獻於漢，（註一）是殆安息通中國之始。其後，安息通使中國，歷代不絕。（註二）波斯介於中國、印度及羅馬之間，握東西大陸交通之樞紐，故其人民自昔爲東西貿易之中間商人（middleman）。歷史上販運吾國絲絹於西方之民族，實以波斯伊蘭人爲最重要。彼輩利用地理上之優勢，操縱絲絹之貿易，爲期甚久。彼輩操縱絲絹貿易之政策，在阻止中國與羅馬發生直接之通商貿易。如魏志卷三〇，注引魚豢魏略西戎傳云：

「大秦（羅馬）國一號犂靬，在安息條支西，大海之西。……其俗人長大平正，似中國人而胡服，自云本中國一別也。常欲通使於中國，而安息圖其利，不得過。……又常利得中國絲，解以爲胡綾，故數與安息諸國交市於海中。」

後漢書卷一一八西域傳云：

「大秦一名犂靬，因在海西，亦云海西國。……其人民皆長大平正，有類中國，故謂之大秦。……與安息天竺交市於海中，利有十倍。其人質直，市無二價。穀食常賤，國內富饒。鄰國使其界首者，乘驛詣王都，至則給以金錢。其王常欲通使於漢，而安息欲以漢繒綵與之交市，故遮閡不得自達。及桓帝延熹九年（A. D. 166），大秦王安敦遣使自日南徼外，獻象牙、犀角、瑇瑁，始乃一通焉。」（註三）

又云：

「和帝永元九年（A. D. 97），都護班超遣甘英使大秦，抵條支，臨大海欲渡，而安息西界船人謂英曰：海水廣大，往來者逢善風，三月乃得渡；若遇遲風，亦有二歲者；故入海人皆齎三歲糧。海中善使人思土戀慕，數有死亡者。英聞之乃止。十三年（A. D. 101），安息王滿屈復獻獅子及條支大鳥，時謂之安息雀。」（按通典卷一九二條支條，亦有與此類似之紀載。）

是皆安息阻止羅馬帝國直接與中國交通，企圖獨佔絲綢貿易之確證。不特此也，波斯人為謀永久獨佔絲綢貿易之利益，不惜以陰猾的外交手段及武力，與東羅馬帝國及突厥相周旋。如紀元五七一至五九〇亙二十年，東羅馬與波斯之大戰，即為彼此爭奪絲綢貿易之結果。先是，東羅馬查士丁皇帝（Justinian）為欲解除波斯人壟斷絲綢貿易之痛苦，一方設法移殖蠶種於君士坦丁堡，獎勵人民從事絲綢之生產；一方謀與印度諸港直接通商，而不經由波斯；並於紀元五三一年，遣使至阿拉伯西南也門（Yémen）地方，與興也爾特人（Himyarites 即 Homérites，古代阿拉伯西南部之住民）約，命其往印度購買絲綢，而轉售之於東羅馬。然波斯因欲完全壟斷印度諸港之海上絲利，乃極力阻止興也爾特人為羅馬人之居間販賣人；同時，對於陸地運販絲絹之突厥居諸民族，亦加以種種之妨礙。如紀元五六八年頃，突厥可汗 Dizaboul (Istami) 容許索國民粟特人 (Sog'dia) 之請，遣派馬尼亞克(Maniach) 使波斯，請求准其在波斯境內自由販賣絲貨。波斯王 Khosrou Anouschirwan (即 Chosroes I, 在位，A. D. 531－579) 卒不許，使馬尼亞克憤恚而歸國。其後，突厥可汗雖復遣使請求，而波斯王依舊拒絕。且對使者，加以毒害，此其顯著之一例。突厥可汗既受波斯王之阻礙，乃採納馬尼亞克「與羅馬人聯歡，將絲絹之市場，移於羅馬」之建議，遣馬尼亞克攜帶國書及價值鉅萬之絲絹，遠赴羅馬，獻諸査士丁皇帝。而東羅馬方面因久受波斯之壓迫，亦欲結歡突厥，聯抗波斯，故當突厥使者馬尼亞克到抵君士坦丁堡之時，禮遇優渥；及其歸也，復遣 Zémarque 爲正使，隨往突厥報聘。從此兩國使節，交聘不絕。突厥慫恿東羅馬攻伐波斯，於是，紀元五七一至五九〇年間，東羅馬與波斯之長期大戰，遂以發生。此回戰爭發生時，東羅馬咎波斯不應攻其與國與也爾特，不應賄屬阿蘭人 (Alainc) 毒殺突厥遣赴東羅馬經行其地之使臣；而波斯王 Khosrou 亦責東羅馬査士丁皇帝不應鼓勵亞美尼亞人 (Armenian) 之背叛，且拒付歲幣五百斤。實則彼此對於絲絹貿易之爭奪，乃其主要的原因也。(註四)

波斯自經此次長期戰爭後，元氣損傷，日趨衰微。終於紀元六五一年，爲大食所滅。波斯滅後，絲絹貿易之利權，落於大食人之手。然波斯人固依舊從事絲絹之販賣。八世紀初(唐玄宗時)，慧超於其所著往五天竺國傳，紀波斯爲大寶(食)滅後，仍常「汎舶漢地，直至廣州，取綾絹絲綿之類」，是其證也。

（二）突厥民族　突厥即西史上 Turky 之對音，南北朝時，始有是稱。彼族之發祥地爲金山，在今阿爾泰山之南，原服屬於蒙古種之蠕蠕。西魏時，其勢始振。六世紀中葉，遂滅蠕蠕。分爲東西兩部：東突厥據今外蒙古地方，西突厥則據今新疆各地。西突厥初盛時，與波斯合力擊滅以法他爾（Ephtal，又作 Ephthalites），領有其地。以法他爾者，盤據阿母河北之種族，即南北朝史乘中所稱之嚈噠，悒怛是也。其後，又服屬粟特（Sogdia），勢益強。東起阿爾泰，西迄波斯及窩瓦河（Volga），南抵印度河（Indus），北至塔爾巴哈台（Tarbagatai），遂入版圖。西突厥處於中國、東羅馬、波斯、印度四大國之間，爲東西國際貿易之仲介人，陸地絲綢轉運，尤爲其專利之業。前述西突厥與東羅馬締結國交，即爲絲絹貿易求一銷場；而其攻擊波斯，亦因波斯不允其在境內自由販賣絲絹之故耳。（註五）

（三）大食民族　大食乃 Tajik（波斯人對於阿拉伯人之稱乎）之譯音，唐代稱呼阿拉伯人之名號也。當波斯、突厥、東羅馬三國互相角逐之際，大食乃興起於阿拉伯半島之上，向外發展其勢力。穆罕默德歿（A. D. 623）後二十年，大食既據有敍利亞（A. D. 634），埃及（A. D. 641），及波斯全國（A. D. 650）。紀元六六九年，大食攻至東羅馬國都拜占庭城下。六九七年，奪加太基。七一一至七一三年間，西取西班牙半島，東併中亞颯秣建（漢代之康居，Samerkand）、鐵汗（漢代之大宛，Ferghana）、石國（Tashkend）、吐火羅（Tokara）諸國。其後，又侵略印度，拓地深入非洲內部，併印度洋沿岸諸地，而成一西起大西洋，東至印度，北抵裏海鹹海，南至於海之薩拉森（Saracen）大帝國。大食人不特善戰，且長於經商。從八世紀起至十五世紀末年，歐人東來時止，彼等東向經過南洋諸國，貿遷於我國廣州、泉州、杭州各地；而地中海及波羅的海沿岸，亦爲彼等經商之地。當時文明世界全部的航業與商業，殆全爲大食人所獨佔。吾國絲綢貿易之利權，前爲波斯人及突厥人所壟斷者，至是轉操於大食人之手。彼等一方從海道遠航吾國，購取絲絹；一方從陸路前往撒馬兒罕（Samarkand）購買繒綵，運回西方，轉售於歐洲人。中世紀時，歐洲人所買絲絹，無論爲中國人所製，或大食人所製，悉經過大食人之手也。（註六）

（四）粟特民族　古代伊蘭人稱今撒馬兒罕爲粟克多（Sogdo），希臘羅馬著作家因之稱爲粟克的亞那（Sogdiana），吾國則稱之爲粟特（魏書），粟弋（後漢書），或直稱爲康居（史記大宛傳、前漢書張騫傳），康國（唐書、唐會要）。居其地之人民，通稱爲粟特人。粟特人因其居地，適當東西交通之要衝；且地味肥沃，物產豐富，故自昔爲善於經商之民族。新唐書卷二二〇西域傳載：「其民善商賈，好利，丈夫年二十，去傍國，利所在，無所不至。」舊唐書卷一九八康國傳載：「俗習胡書，善商賈，爭分銖之利。男子年二十，即遠之傍國，來適中夏，利之所在，無所不到」。而玄奘西遊記亦紀其國（颯秣建國）「土國沃壤，稼穡備植，林樹蓊鬱，花果滋茂。多出善馬。機巧之技，特工諸國。」是其證也。一九〇七年，斯坦因在羅布泊漢代烽臺之遺址中，發見紀元一世紀時之粟特語的商業文書，可見彼族在漢代即已來吾國從事貿遷。漢代以後，彼族來吾國經商者益多。魏書卷一〇二西域傳粟特國條紀：「其國商人先多至涼土（甘肅涼州）販貨，及克姑臧（涼州），悉見虜。高宗（A. D. 452—465）初，粟特王遣使請贖之，詔聽焉。」粟特商賈被擄，其國王至遣使請贖，則當日彼等勢力之大，人數之多，概可想見。彼等不獨經商吾國本部，即內外蒙古地方，以及波斯、東歐、印度、交趾諸地，亦爲彼等貿遷之區。大食侵入中亞之頃（八世紀初），Samarkand, Bokhara, Paykand，諸地之商業，均極繁盛，富商大賈，兼爲貴族，其地位殆與各地之統治者相埒。（註七）粟特商賈一方爲其本國商品之販賣者，一方又爲東西貿易之仲介人。彼等所仲賣者，以吾國之絲絹爲最重要。彼等常利用其經濟上之勢力，企謀絲絹貿易之發展。如當其由嚈噠之治下移屬突厥之時，曾欲利用其新主之聲威及與波斯之親善關係，而求突厥可汗助其要求波斯許在波斯管領諸國之中經營絲絹，是其尤著者也。（註八）

（五）羅馬人　羅馬人一方爲絲絹之消費者，同時又爲絲絹之販運者。彼等之販運絲絹，固爲求利，然亦由於抵制波斯人之壟斷絲利。羅馬皇帝奧古斯都（Augustus）時代，羅馬船舶每年由紅海 Myos Hormos, Berenice 等港口開赴 Bab-el-Mandeb 海峽及印度恆河者，達一百二十隻之多。（註九）迨紀元七四年頃，季候風發見利用以後（爲 Hippalos 所發見），羅馬船舶東航者益多。羅馬船舶由意大利航赴印度半島西岸 Barbaricon（在印度河口），Baryzaga

（在 Cambay 灣），Muziris（即近代之 Cranganore，在 Malabar）諸商埠，只需十六週之時間（經過埃及陸上駁運時間包括在內）。大多數船舶雖以印度半島西岸各商埠爲航運之終點；然亦有繞科摩林海角（Cape Comorin），横渡孟加拉灣（Bay of Bengal），遠航伊洛瓦底（Irrawaddy）、與爾溫（即怒江 Salwin）兩河口、蘇門答臘、及麻六甲海峽各口岸，最後航抵東京（Tongking）。羅馬海舶爲抵禦海盜之刼掠起見，特另配一大船，裝置軍器，擔任沿途保護之責。其時，羅馬之東方貿易，以絲絹爲最重要；故此等海船所裝運者，亦以絲貨爲多。紀元二世紀時，亞洲西南海上商運自由，無加以阻撓或壟斷者，故羅馬商船能遠航亞洲各國，從事購運絲貨。（註一〇）然至五六世紀之交，波斯國勢强盛，壟斷絲絹貿易，羅馬爲其敵，受制尤甚。查士丁皇帝因是遣使北繞裏海，至突厥朝廷，與可汗締結盟約，以壓迫波斯，而恢復東西絲絹之貿易（詳見前節）。惟吾人於此有須注意者，則羅馬人並非此時始從陸路方面，販運絲貨。實則遠在紀元二世紀之時，即已有商賈取道中亞遠來吾國，採購絲絹，如馬利奴斯（Marinus）之記程一書中所述商人梅斯（Maës）曾遣其商業代理人，東經大夏入「絲國」（the land of the Seres），購運絲貨（按此大約爲 A. D. 120—140 間的事），是其最著者也。查士丁皇帝時代（A. D. 527—565），羅馬人因欲貪圖逸樂，獲取厚利，不惜歷盡艱險，以覓絲綢。埃及著作家科斯麻士（Cosmas）對此不勝慨嘆。其言曰：「世界上若眞有天堂（Paradise），則世間好奇好學者，正不乏人，豈能阻彼輩往探尋乎？吾嘗見世間有不避艱苦，遠往天涯海角，以取絲綢者。蓋凡人類皆貪圖肉體淫樂，吾不見尚有何物，可以阻其不往天堂，綢也。」(註一一)據此，則當時羅馬人醉心吾國絲綢之情形，概可想見矣。

(六)印度人　印度位於亞洲南部之中央，適當東西海上交通之要樞，地味肥沃，物產豐富，在過去三千年間，成爲世界商業之中心，並爲異族垂涎角逐之場所；而其人民遂亦擅長經商，在商業史上古有特殊之地位。印度商人在紀元前七百年以前，與巴比侖已有海上通商之事，尤以紀元前第六世紀爲盛。此後，印度商人有僑居阿剌伯及非洲東岸者，亦有僑居於中國海岸者。(註一二)孔雀王朝旃陀羅笈多王 (Candragupta) 時代 (B. C. 320—B. C. 297)，吾國絲綢即已販至印度。其時印度人採購吾國絲綢，其路線大抵有四：(一)爲由海道直向日南、徐聞、合浦、番禺等地採運；(二)爲由印度東北經緬甸入滇越(此地見史記大宛傳，殆即魏略西戎傳之盤越)採購由巴蜀諸地運來之絲貨；(三)爲由 Pataliputra 東北經錫金、越喜馬拉雅山採購由拉薩運來之絲貨；(四)爲由印度西北，上溯印度河，採購由西域運來罽賓、五河諸地之絲貨。此種絲貨，先集中於國都 Pataliputra(亦作 Palimbothra，即今印度東北之 Patna)，印度河口之 Barbarikon，及 Combay 灣之 Baryzaga 三地，然後由海道轉運阿剌伯、東非洲、埃及、及羅馬諸地，而以運銷於羅馬者爲最多焉。(註一三)

上述各民族，爲古代販運絲綢之主要者。他如西史所紀古代住在黑海北部，鹹海附近，亞洲北部之西梯亞人 (Scythians)；漢代西域之烏孫、月氏、匈奴、堅昆(即 Kirghiz 人)、華、等族，以及印度洋上之錫蘭人，在某一地方，或某一時代，亦曾預於絲絹販運之業，特不若前述各民族之重要，茲不具述。惟吾人論述至此，尚有須加以補充者，卽歷史上販運絲絹之民族，除前舉塞外或國外諸民族外，吾中華民族亦曾從專於販絲之業，此則觀於漢書地理志所紀屬黃門（中官）之譯長與應募者齎黃金雜繒遠航南海諸國貿易；及斯坦因在西域所獲記有絲絹匹數、尺寸、重量、價格、等項之木簡而可知也。論者謂漢武帝之經營西域（如遣使西域，征討大宛，建立屯戍，設置都護，開關通路等），於政治的軍事的目的而外，尚有與貿易有關之經濟的目的在內，此卽爲謀國內出產發達的利益，利用新闢通路，以爲國內製造品，尤其是貴重的絲織物，求得新市場。（註一四）此種論定雖無直接的記載，可資證明；然以當年西域貿易，絲絹居其首要位置觀之，則其說固可信據耳。

（註一）史記卷一二三，大宛列傳；前漢書卷九六，西域傳。

（註二）安息遣使吾國之事蹟，散見於後漢書卷一一八西域傳；魏書卷一〇二西域傳；周書卷五〇異域傳下；隋書卷八三西域傳；舊唐書卷一九八西域傳；新唐書卷二二一西域傳；册府元龜，九六六——九九九卷，茲不具述。

（註三）文獻通考卷三三九，四裔考十六，大秦條；及通典卷一九三，大秦條，亦有與此相類似之紀載。

（註四）Yule, op. cit., Vol. I. CLX—CLXVI, note 3. 馮譯沙畹西突厥史料，一六六——一七一頁。

（註五）馮譯西突厥史料二一九頁；羽田亨著中央亞細亞之文化，三七頁（岩波東洋思潮講座之一種）。

（註六）Carter: The Invention of Printing in China and its Spread Westward, pp. 87, 88. 按唐玄宗時，杜環爲高仙芝隨軍書記，怛邏斯之役，爲大食所擄，歸作經行記，書中紀大食事，有云：「土地所生，無物不有。四方輻輳，萬貨豐賤。錦綉珠貝，滿於市肆。……綾絹機杼金銀匠畫匠，漢匠作畫者京兆人樊淑、劉泚，織絡者河東人樂凞、呂禮。」又册府元龜卷九七一云：「開元四年七月，大食國黑密牟尼蘇利漫遣使上表，獻金線織袍、寶裝玉、灑地瓶各一。」可見當時大食境內，絲綢紡織業，已相當發達。又從大食初對於征服地方，並非自爲統治，只强迫被征服地方之人民繳納稅捐，以增加財富而已。故對於絲綢之貿易，未即實行獨占。如慧超往五天竺國傳紀胡密國（即新唐書之護密，梁書之胡蜜丹國，亦同伊蘭土語 Humaedan 之譯音，其義爲山之中間，在吐火羅國之東。）與大食之關係云：「此胡密王兵馬少弱，不能自護。見屬大寔（大食）所管，每年輸稅絹三千匹。住居山谷，處所狹小，百姓貧多，衣著皮裘氈衫，王著綾絹疊布。」（見燉煌石室遺書，往五天竺國傳），是其證也。大食對於征服地加以實際統治，且迫其信奉回敎，乃從阿伯斯朝（Abbasides）開始，即紀元七五四年以後之事也。

（註七）羽田亨著中央亞細亞之文化，九五頁。

（註八）馮譯西突厥史料，一六七頁；羽田亨著中央亞細亞之文化，三七頁。

（註九）Strabo, II, 118; XV, 686; XVII. 798, 815. Hudson, op. cit., p. 75.

（註一〇）Hudson, op. cit., pp. 75, 77.

（註一一）Yule, op. cit., Vol. I. CLXVIII note 9; 張著東西交通史料匯篇，第三冊，九頁。

（註一二）R. Mookerji, A History of Indian Shipping and Maritime Activity from the Earliest Time, p. 88. 野村兼太郎著古代商業史，一〇〇——一〇二頁。

（註一三）Hudson, op. cit., p. 88. 野村著古代商業史，一〇七頁。

（註一四）Ibid. p. 81. 向譯斯坦因西域考古記，一三、一四頁。

第七章　餘論

古代吾國絲綢之輸出，除一部份爲亞洲各國人民購去，以爲織造及其他之用外，其餘大部分爲羅馬人所購去。然則，絲綢西傳，對於羅馬之社會、經濟、以及產業，果曾有何影響乎？試述一二，用結本篇。

羅馬在絲絹未傳入之前，原有科斯島（Cos，一作Kos，在愛琴海——Aegean Sea——之東部，爲Cyclades羣島中之一島，今屬意大利）之輕紗（gauze，名曰bombycina, or 'Coan garments'），著聞於世。此種織物，優美透明，類似絲繒，爲裁製夏服之上品。在當時羅馬社會風行一時，娼婦妓女，固無論矣；即上流士女，亦極愛好。雖道學家如普林尼（Pliny）、塞奈加（Seneca）輩加以譏評攻擊，（註一）亦不能轉移競尚此物之風氣。然此種輕紗織物，自絲絹傳入後，即逐漸減少，至紀元一世紀時，絲織物且取而代之，而流行於羅馬社會矣。（註二）

絲絹傳入羅馬之初，價格非常昂貴，奧利連皇帝（Marcus Aurelius，即Aurelian）時代（A. D. 161—180）羅馬上等絲料，每磅竟值黃金十二兩。帝對此目擊心傷，曾以不用絲絹自勵，並禁止其后穿着絲服。然羅馬奢侈成風，對斯東方珍品，尤爲崇尚。前此僅少數貴族階級

所能購用者，至紀元四世紀時，則全國上下各階級人民，亦羣趨購用，未有若何之區別矣。（註三）

最後，更就當時羅馬帝國之東方貿易方面，推論絲絹輸入對於其經濟之影響。羅馬帝國初年，上流社會之生活，即已日趨於奢侈。至紀元二世紀時，奢風更甚。一般豪富貴族，日惟購求東方珍奇之物，互相競尚。其時，羅馬由東方諸國（印度、中國、波斯、阿拉伯）輸入之物品，計有六類：（一）、寶石類：包括金剛石 (damas)、柘榴石 (alabanda)、紅縞瑪瑙 (sardonyx)、綠柱玉 (emerald)、綠玉石 (beryl)、青玉 (sapphire)、眞珠、雪花石膏 (onyx arabicus)、璘瑁、瑠璃 (lapis lazali)、象牙、ceranium 等。（二）、藥物香料類：包括蘆薈 (aloe)、阿魏 (asafoetida)、白豆蔻 (amomum)、楓子香 (galbanum)、生薑 (ginger)、香(incensegum)、甘松 (nard)、胡椒 (pepper)、沉香 (agallochum)、肉桂 (cinnamon)、砂糖、乳香、沒藥、malabathrum, stacte, costum 等。（三）、染料類：包含深紅色染料(lac)及赤紫色染料 (facus)。（四）、織物類：包括亞麻布、羊毛、毛綿織物 (muslins)、絲絹、棉花等。（五）、金屬類：鐵。（六）、動物類：包括虎、獅子、豹、奴隸、毛皮等。（註四）就中以中國之絲絹，及印度之寶石、香料爲最重要。至於由羅馬輸出於東方之物品，則僅有琉璃、織物（毛、絲、亞麻等混合織物，製造地方在埃及及敍利亞。紀元前一世紀之敍利亞羊毛織物，近在蒙古發現）、葡萄酒、及雜貨而已。輸入超過輸出甚大，純以金銀塊或正金（金幣）爲入超之補償。據普林尼之紀述，印度及東方諸國每年由羅馬奪去一萬萬 Sesterces（milies centena milia sestertium。按 Sestertium 爲古代羅馬之計算貨幣，等於一千 Sesterces，而每一 Sesterces，約合英幣二 Pence）。而由羅馬運去東方的商品，其總值不及輸入商品的總值百分之一。此每年流出印度及東方諸國之一萬萬 Sesterces 中，印度約占五千五百萬 Sesterces，中國與阿拉伯共占四千五百萬 Sesterces 云。（註五）羅馬帝國末年之財政，因是陷於極度窮困之境地，而帝國之崩潰，亦與此有密切之關係焉。

（註一）Pling, Natural History, XI, 26: "Let us not cheat her (Pamphila) of her glory in having devised a method by which women shall be dressed and yet naked!"

Seneca, De beneficiis VII. 9: "Video serices vestes si vestes vocandae sunt, in quibus nihil est quo defendi aut corpus, aut denique pudor possit."

（註二）Hudson, op. cit., p. 92.

（註三）The Encyclopaedia Britannica, Vol. XXV. p. 97. 按羅馬史學家，馬塞克利納斯（Ammianus Marcellinus）於其所著羅馬帝國史（Rerum Gestarum Libri），第二十三卷，第六章，關於當時絲絹應用之情形，曾紀云：“The use of silk which was once confined to the nobility has now spread to all class without distinction, even to the lowest.”

（註四）根據紀元二世紀末，亞歷山大港輸入品課稅種目（見原隋圓著印度文化與希臘及西南亞細亞文化之交流，十三、十四頁。

（註五）Pliny, Natural History, XII. 84. Hudson, op. cit., p. 98. 野村著古代商業史，二一四頁。